手のひら図鑑 ❹

昆虫

リチャード・ジョーンズ 監修／伊藤 伸子 訳

JN181840

化学同人

DK | Penguin Random House

Pocket Eyewitness INSECTS
Copyright © 2012 Dorling Kindersley Limited
A Penguin Random House Company

Japanese translation rights arranged with
Dorling Kindersley Limited, London
through Fortuna Co., Ltd., Tokyo
For sale in Japanese territory only.

手のひら図鑑 ④

昆　虫

2016年6月1日　第1刷発行
2024年12月25日　第3刷発行

監　修　リチャード・ジョーンズ
訳　者　伊藤伸子
発行人　曽根良介
発行所　株式会社化学同人

〒600-8074　京都市下京区仏光寺通柳馬場西入ル
TEL：075-352-3373　FAX：075-351-8301

装丁・本文 DTP　悠朋舎 / グローバル・メディア

JCOPY 〈出版者著作権管理機構委託出版物〉
本書の無断複写は著作権法上での例外を除き禁じられています．複写される場合は，そのつど事前に，出版者著作権管理機構（電話 03-5244-5088，FAX 03-5244-5089，email：info@jcopy.or.jp）の許諾を得てください．

無断転載・複製を禁ず

Printed and bound in China

© N. Ito 2016
ISBN978-4-7598-1794-2

◎本書の感想を
お寄せください

乱丁・落丁本は送料小社負担にて
お取りかえいたします．

www.dk.com

目　次

昆虫の大きさ

手または親指と比べた昆虫の大きさを図で表しています。

ア　リ

節足動物とは？

節足動物は無脊椎動物（背骨のない動物）のなかまです。節足動物には昆虫をはじめいろいろな種類の動物がいます。昆虫は節足動物の中で一番数が多く、地球上のほとんどの場所に生息しています。節足動物は陸上にも水中にもすんでいますが、この本では陸上にすむ節足動物を紹介します。わたしたちが「虫」とよんでいる生き物です。

クモ形類

はねのない節足動物。あしは四対。口はかみついたり吸ったりするのに都合のよい形をしている。クモやサソリなど。

多足類

多足類には八対以上のあしがある。一つの体節に一対か二対のあしをもつ。ムカデやヤスデなど。

体のつくり

どの節足動物にもあてはまる特徴がある。かたいからのような外骨格で体が守られていることと、体が体節に分かれていること。昆虫の場合は頭部、胸部、腹部に分かれる。あしは胸部にくっつき、関節がある。ほとんどの昆虫にははねがある。

胸部
はねがあるのは昆虫だけ
頭部には目と触角がある
関節のあるあし。胸部についている
腹部

節足動物は下の図のようなグループに分けられる。

節足動物

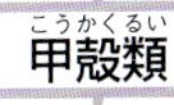

甲殻類

おもに水のあるところにすみ触角を4本もつ。陸上にすむ甲殻類には七対のあしをもつワラジムシがいる。

六脚類

あしが6本の節足動物。

昆虫以外の六脚類

昆虫以外の六脚類は頭部の下の袋に口が隠されているので**内あご類**ともいう。写真は目のないコムシ。

昆虫類

六脚類の多くは昆虫。外から口が見える。ほとんどがはねをもつ。

完全変態をする昆虫

昆虫の多くはチョウのように幼虫から成虫になるときに何回か形を変える。

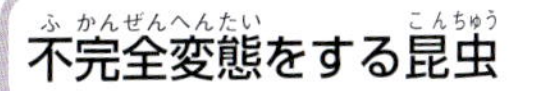

不完全変態をする昆虫

バッタの幼虫は成虫を小型にしたような姿をしていて、何回か脱皮をして成虫になる。

節足動物と「虫」

虫と聞いて思い浮かべる生き物の中には実は昆虫ではないものもいます。海底でじっとしているイソギンチャクや熱帯雨林をはいまわるミミズなどは節足動物のなかまでもありません。別の種類の無脊椎動物です。

軟体動物

軟体動物にはカタツムリ、二枚貝、イカが含まれ、多くは筋肉でできた平らなあしで動く。軟体動物の中にはおもにカルシウムでできたからで体をおおい、捕食者から身を守っているものもいる。

カタツムリはからをもつ軟体動物

刺胞動物

刺胞動物は水中で生活する。管のようなつくりの体は片方しか開いていない。自由に水中をただようクラゲ、海底や海底の岩にくっついたまま動かないイソギンチャクなどが含まれる。イソギンチャクは触手の先に並ぶ刺胞という針でえものを刺して食べる。

環形動物

環形動物には外骨格がなく体はやわらかい。あしがないので肉のかたまりのようにも見える。グリーンパドルワームはひだのような体を伸び縮みさせて、はいずり回ったり泳いだりする。

ひだのようなつくりの体で動き回る

グリーンパドルワーム（ゴカイのなかま）

棘皮動物

棘皮動物は海に生息する。頭や尾は区別できず、体表にとげをもつ。体の形は筒形、星形、はねのように腕を広げるものとさまざまだ。筒形のナマコは触手のように見えるあしで、水の中をただよう藻類や海底のえさをつかみ口に入れる。

レッドラインドシーキューカンバー（バイカナマコのなかま）

成長のしかた

節足動物は卵からかえります（ふ化）。ふ化したあとは数回からを脱いで成長します（脱皮）。多足類とクモ形類は一生脱皮し続けます。昆虫は幼虫のときに何回か姿を変えてから成虫になります（変態）。ほとんどの節足動物は交尾して子を産みます（繁殖）。

成虫は黒い斑点のついた明るい赤色の外骨格をもつ

さなぎから出てきたばかりの**成虫**

幼虫はあるとき食べるのをやめ葉にくっついたまま動かなくなる。だんだんかたくなっていくからの中で成虫に変わり始める。この段階を**さなぎ**という。

完全変態

ハチ、チョウ、ハエ、甲虫などは完全変態をする。幼虫から成虫になる間にすっかりちがう姿になる。

幼虫は**脱皮**を繰り返すたびにからを新しくして成長する

不完全変態

バッタやイトトンボなどは不完全変態をする。不完全変態をする昆虫の幼虫は成虫を小さくしてはねをなくしたような姿のため若虫ともいう。幼虫は脱皮を繰り返して成虫になる。

ヨーロッパエゾイトトンボは水生植物の茎に２個ずつ**卵**を産む

卵からかえった**幼虫（ヤゴ）**は水中で生活し数回脱皮をする

ナホシテント
の成虫は交尾
して繁殖する
性生殖）

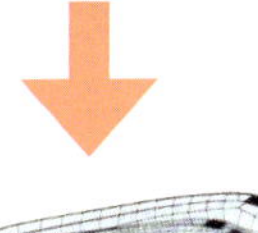

できたばかりのはね
ではまだ飛べない

水から出た**幼虫**はからを脱ぎ成虫になる

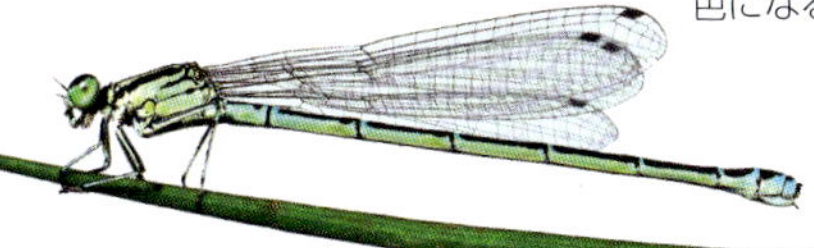

成虫のはねは完全に整い、体は明るい緑色になる

葉に産みつけられた**卵**

幼虫は卵からかえる

単為生殖

節足動物の中にはオスと交尾せず子を産む（単為生殖する）メスがいる。いつもは有性生殖をするメスが未受精卵を産むこともある。単為生殖で生まれる子は母親とまったく同じだ。写真のワタフキカイガラムシも単為生殖をする。

食べ物

節足動物の食べ物はとても幅広いです。ふんや血、植物、ほかの節足動物、ときには自分のなかまも食べます。ほとんどの節足動物の口は、決まった種類の食べ物を食べるのに都合のよい形をしています。チョウはストローのような口で花からみつを吸います。

植物食

多くの節足動物は果実、葉、樹液といった植物を食べる。ガやチョウの幼虫（いも虫、青虫、毛虫）は大あごを使って葉を食べる。

ハンター

ほかの節足動物をおそって食べる（捕食する）節足動物もいる。狩りをするのでハンターともいう。ネズミのような小型の哺乳類を殺すものもいる。えものを上手につかまえるクモも、クモバチの毒針に刺されて食べられる。

木を食べる

木を食べる節足動物もたくさんいる。その名もキクイムシという害虫や腐った木を食べるワラジムシなど。木はほかの食べ物ほど栄養分がないのでワラジムシの成長は遅い。

ふん食

ほかの動物のふんに卵を産む甲虫がいる。フンコロガシはウシのふんを丸めて卵を産みつける。卵からかえった幼虫はふんを食べて成長する。

遺体の再利用

節足動物には、動物や植物の遺体を食べる腐食性のものが多い。遺体に卵を産みつけ幼虫のえさにするものもいる。シデムシは死んだ動物を土にうめ幼虫に食べさせる。

寄　生

マダニの**腹部**は宿主の血でふくれあがっている

寄生者

自分よりも大きな動物（宿主）にくっつき、血をたっぷり吸うと宿主から離れる。

捕食寄生

コマユバチの幼虫はチョウやガの幼虫など生きている宿主を食べて成長し、最後は宿主を殺す。このような寄生を捕食寄生という。

すむ場所

生き物がすんでいるまわりの環境を生息環境といいます。陸上のどのような場所にも節足動物はいます。乾いた砂漠や凍るほどの極地といった極端な環境にもすんでいます。

アラスカなど北半球の**雪の多い地域**では気温が低く植物がほとんど生えない。写真はそのような雪野原でも生きていけるガガンボのなかま。

北アメリカ

草原には多くの節足動物がすむ。フンコロガシ（写真）は広い草原の背の高い草むらにすみ、ウシのふんに卵を産む。

都市の環境

人間の暮らす都市環境を利用して上手に生活する節足動物がいる。ゴキブリは食べ物のかけらをさがして人家の中をはい回る。

熱帯雨林は温度も湿度も高く、地球上で一番多くの節足動物が暮らす。写真はエクアドルの熱帯雨林に生息するモルフォチョウ。

生息環境の地図

陸上は下の地図のような生息環境に分けられる。熱帯林、温帯林、針葉樹林、砂漠、草原、湿地帯、高山帯、極地域。

や水のうるおう湿地帯は
くの生き物にとって理
の生息地だ。モンカ
ロウのなかま（写真）
一生の大部分を水の
ですごし産卵する。

暗い洞くつにすむ昆虫はたいてい目がよく見えない。かわりにほかの感覚を利用して動き回る。洞くつにすむ巨大なカマドウマのなかま（写真）は触角を使う。

にはほとんど雨が降ら
物もまばらにしか
えていない。デザー
スコーピオン（写
）は砂に穴を
ったり、岩の下
れたりして暑さをしの
孫をふやす。

虫を調べよう

虫にくわしくなる一番の近道はすぐそばで調べることです。自然の中で活動している
ようすを観察したり、ときには少しの間だけつかまえてぐっと近くで見たりします。
このようなとき大切なのは、虫を見つけた場所、虫の姿形や行動、生息環境などを記
録しておくことです。

道　具

虫をつかまえるときはあみやバットを使うと便利だ。つかまえた虫は吸虫びんやピンセット、ブラシなど身近な道具を使って調べてみよう。観察しおえたら、傷つけないように自然にかえすこと。

先の細い**ピンセット**で虫をおさえる
ブラシは小さな虫をつかまえたり動かしたりするのに便利だ
魚用のあみで池にすむ虫を集める
バットには池や川でつかまえた虫を放しておく

虫の目印

虫のいる場所を見つけるのはむずかしい。けれどもよく見ると虫は訪れた場所に印を残していくことがある。食べ方や巣のつくり方を知っておくと、虫がよく来る場所かどうかがわかる。

タマバチはオークの葉に**虫コブ**をつくる

ハムシの幼虫が葉を食べた後には写真のような**模様**が残る

アワフキムシの幼虫は泡を出して巣をつくり**身を守る**

クモの巣の形はクモの種類によってちがう

つかまえてはいけない虫

ハムシのなかま

毒を出す虫は**人間にとっても危険**だ。写真のハムシのなかまの幼虫は強い毒をもつ。

イザベラミズアオはスペインの法律で保護されている

絶滅危惧種の採集は法律で禁じられている。このような種の標本は博物館で見ることができる。

管とガラスびんを使って手づくりした**吸虫びん**。小さな虫を吸いこんで保管できる。吸いこみ管から虫が逃げていかないように端にガーゼが巻かれている。

ノートは観察したことをすぐ記録できるので便利だ。絵や特徴を書くとよい。

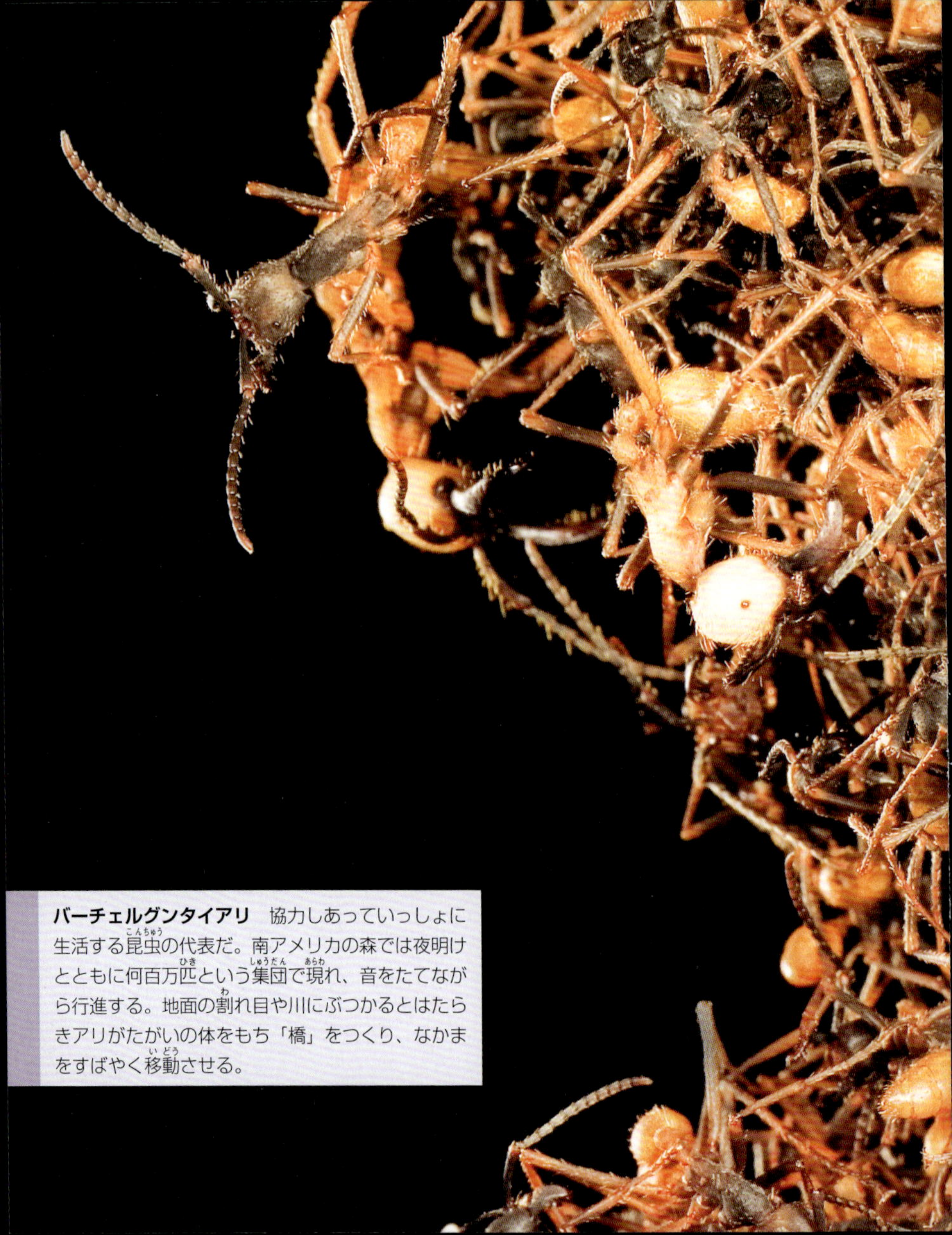

バーチェルグンタイアリ　協力しあっていっしょに生活する昆虫の代表だ。南アメリカの森では夜明けとともに何百万匹という集団で現れ、音をたてながら行進する。地面の割れ目や川にぶつかるとはたらきアリがたがいの体をもち「橋」をつくり、なかまをすばやく移動させる。

バーチェルグンタイアリの
群れは１日で
10万匹の昆虫やクモ、
さらには小さな哺乳類までも
殺す

昆　虫　こんちゅう

地球上に生息するすべての動物種のおよそ4分の3が昆虫です。昆虫は小さな体ですばやく繁殖し、高い山から岸辺まで陸上のほとんどの場所に生息します。淡水やときには海面にもいます。飛ぶことのできる昆虫が多く、世界中に生息するムシヒキアブ（左写真）もその一種です。はねをもつ昆虫は、およそ3億5000万年前、自力で飛べるように進化した最初の動物です。

生　殖　交尾をしないで繁殖する昆虫がいる。アブラムシのメスは交尾しないで自分とまったく同じ子をたくさん産む。

昆虫とは？ こんちゅうとは？

ほかの節足動物と同じように昆虫にもあしとかたい外骨格があります。昆虫の体は頭部、胸部、腹部の三つに分かれています。昆虫のあしは 6 本あり、ほとんどの昆虫にははねがあります。節足動物の中で飛べるのははねをもつ昆虫だけです。

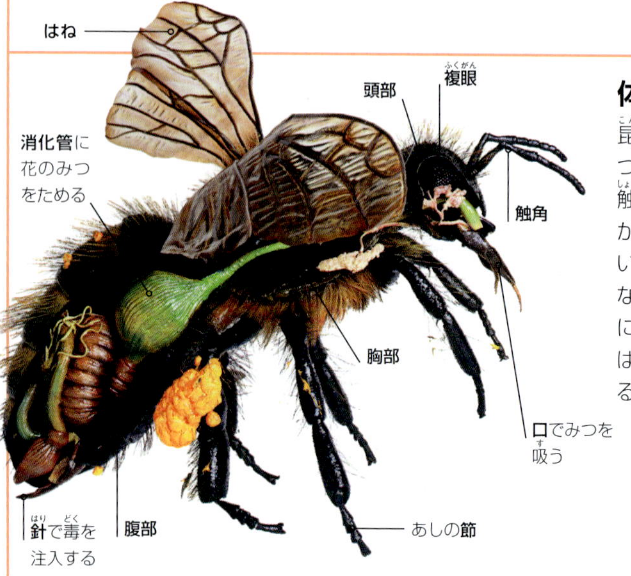

体のつくり

昆虫の体は頭部、胸部、腹部の三つに分かれている。頭部には口、触角、目がある。胸部は三つに分かれ、それぞれに一対のあしがついている。セイヨウミツバチ（図）など飛ぶ昆虫の場合ははねも胸部についている。飛ぶ昆虫には、前ばねがかたいさやばねになっているものもいる。

飛　ぶ

昆虫は自力で飛べるように進化した最初の動物だ。おかげで食べ物をさがしたり、敵から逃げたりしやすくなった。飛ぶ昆虫のほとんどが二対のはねをもつ。休むときははねをたたむ。

1.　飛ぶ準備

コフキコガネのなかまが飛ぼうとしているところ。さやばねが開きかけている。飛ぶときは後ろばねを使う。

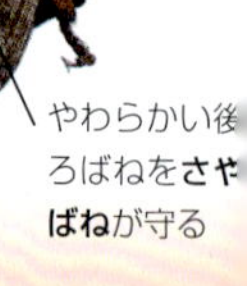

広く分布する理由

昆虫は今からおよそ４億年前に現れ、現在では広い範囲に生息する。短期間で卵から成虫になり、体が小さいので地球上のほとんどの地域で一番小さな場所に入りこみ生活している。じょうぶな外骨格が捕食者から身を守る。外骨格が乾燥を防ぐため乾いた地域でも生きていける。ほとんどの昆虫は飛べるので食べ物や新しい生息地をさがすのに都合がよい。

数百万匹ものシロアリが一つのアリ塚に群れる

せんすのように広げた
触角で風の向きを調べる
飛行中、**さやばね**
は動かさない
後ろばねを羽
ばたかせる
大きく破れやすい
後ろばね

3. 飛行中

あしを広げたままにして、着地した場所をつかむ準備をしている。飛行中は後ろばねを羽ばたかせ前に進む。

2. 飛び立つ

さやばねが開くとさやばねの下にたたまれていた後ろばねも大きく開く。広げたさやばねは、飛行機の翼のように浮かび上がる力をつくりだす。

シミ類

シミ類の体はうろこでおおわれ、尾が3本ついています。はねはありません。セイヨウシミとマダラシミはシミ目、イシノミはイシノミ目のなかまです。

ここに注目！
でんぷん

セイヨウシミはでんぷんなど糖類を含む物質を食べる。

セイヨウシミ
Lepisma saccharina

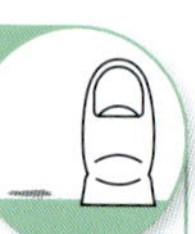

セイヨウシミは夜間に台所や風呂場など湿気の多い場所で動き回る。先細りの体は銀色のうろこでおおわれ魚のように見える。くねくねした動き方も魚に似ている。

体　長　1.2cm
食べ物　腐敗した有機物や糖類を含む物質
生息場所　洞くつ、人家、建物
分　布　極地以外の世界中

マダラシミ
Thermobia domestica

マダラシミのメスは気温が32℃～41℃のときだけ卵を産むので、オーブン、暖炉、ボイラーなど温かい場所の近くにいる。パン屋でもよく見かける。

体　長　1～1.5cm
食べ物　糖類やタンパク質を多く含む物質
生息場所　岩場、落葉、人家、建物
分　布　極地以外の世界中

▲ セイヨウシミはでんぷんを含む卵ケースを食べる。

▲ セイヨウシミはでんぷんを多く含む紙を食べるので本をいためる。

イシノミ

Petrobius maritimus

胸部を上向きにそらせ、尾を使って地面から30cmも飛び上がる。

セイヨウシミとはちがい、イシノミの３本の尾の長さはばらばら。真ん中が一番長い。イシノミの目は大きく、くっついているが、セイヨウシミの目は離れている。

体　長　1.2cm
食べ物　藻類、地衣類、コケ類、植物のかけら
生息場所　海岸の岩場
分　布　北半球

カゲロウ類

カゲロウは原始的なはねをもつ昆虫のグループ、カゲロウ目に属します。カゲロウには約 3000 種のなかまがいます。どれも一生のほとんどを幼虫（若虫）のまま水の中ですごし、1 ～ 2 年で成虫になります。成虫の寿命は短く、たいていは1日もしないうちに一生を終えます。

イグニタマダラカゲロウ

Serratella ignita

オスの目は特徴のある形をしている。目の上半分が大きいので上の方をはっきり見ることができる。交尾のために群れて飛ぶオスはこの目のおかげで群れに入ってきたメスをすぐに見つけられる。メスを見つけるとしっかりつかんでから交尾する。

モンカゲロウのなかま

Ephemera danica

幼虫は川や湖の砂泥の底に生息する。イギリス北部では気温上昇により幼虫の食べる量がふえ成長が早くなったという研究結果が 2011 年に報告されている。成虫になるまでの期間は以前は 2 年だったが、現在では 1 年になった。

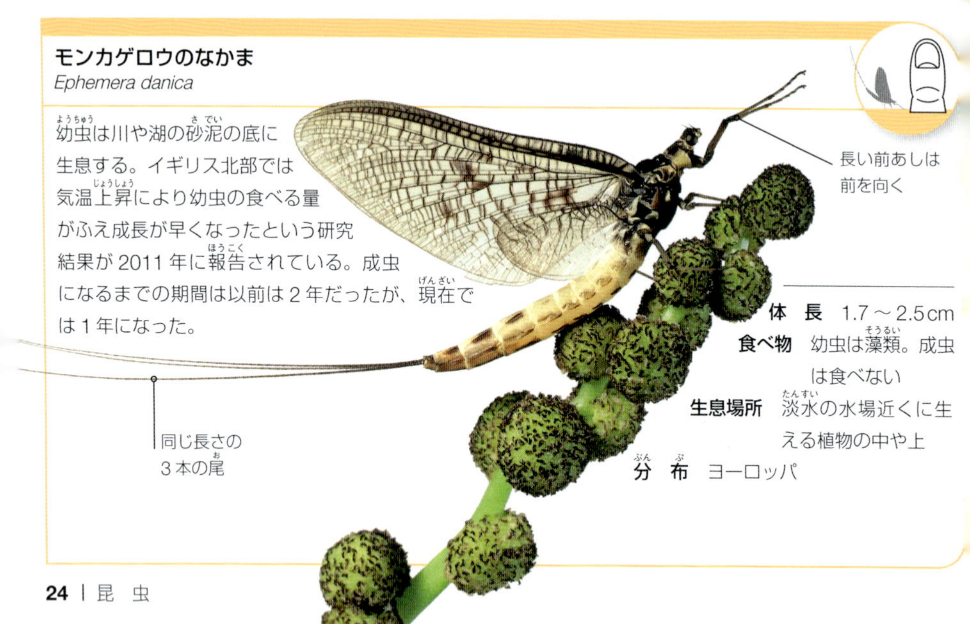

体　長　1.7 ～ 2.5 cm
食べ物　幼虫は藻類。成虫は食べない
生息場所　淡水の水場近くに生える植物の中や上
分　布　ヨーロッパ

体　長　8～12mm
食べ物　幼虫は生物の死体。成虫は食べない
生息場所　流れの速い小さな川
分　布　ヨーロッパ北部

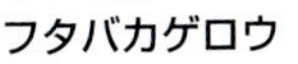

フタバカゲロウ
Cloeon dipterum

幼虫も成虫も一対の長い尾をもつ。後ろばねが小さいので尾が体の動きを助ける。成虫は長い前ばねをもつ。

体　長　7～11cm
食べ物　幼虫は植物。成虫は食べない
生息場所　池、狭い水路、水おけ
分　布　ヨーロッパ

フタオカゲロウのなかま
Siphlonurus lacustris

水たまりができるとすぐにコロニーをつくる。水温が上がり生息場所が温かくなると高地に移動する。

体　長　1.2～1.8cm
食べ物　幼虫は藻類。成虫は食べない
生息場所　高山の小川、高地の湖
分　布　ほとんどが北半球

コカゲロウのなかま
Baetis rhodani

とくにヨーロッパに広く分布する。葉巻タバコのような形の幼虫は活発に泳ぐ。腹部と尾を上下に動かして水中をすばやく動き回る。

体　長　4～12mm
食べ物　幼虫は藻類。成虫は食べない
生息場所　狭い水路、小さな池、小川
分　布　ヨーロッパ

イトトンボ類とトンボ類

イトトンボもトンボも長い体に大きな目をもつ空飛ぶハンターです。どちらもトンボ目に属し5600種ほどのなかまがいます。幼虫はヤゴとよばれます。

ここに注目！
ちがい

イトトンボとトンボはとてもよく似ているが大きなちがいもある。

アオイトトンボ
Lestes sponsa

幼虫は細長く、体の色は薄い緑色や茶色。成虫になると光沢のある緑色になる。ほかのイトトンボとちがい、はねを広げたまま休む。

体　長　3.6cm
食べ物　ハエ、カ、ユスリカ、甲虫
生息場所　流れのないよどみ、湖、小川、水路
分　布　ヨーロッパ、アジア

大きな複眼でえものを見つける

ヨーロッパアオハダトンボ
Calopteryx splendens

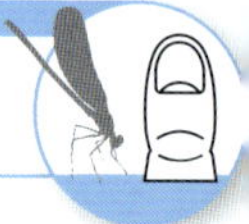

オスの大きなはねには濃い色の斑がある。交尾の間、オスは腹部の先の把握器という部分でメスをつかむ。

体　長　4.6cm
食べ物　幼虫は水生昆虫。成虫は食べない
生息場所　沼、狭い水路、小さな池、泥底で流れの遅い小川
分　布　ヨーロッパ北部、西部

◀イトトンボの体は細く頭は横に広い。目は離れている。休むときは体の上ではねを閉じる。

◀トンボの体は太めで、頭は細く丸い。大きな目はくっついている。休むときははねは広げたまま。

ヨーロッパエゾイトトンボ
Coenagrion puella

成虫は何度も交尾をする。交尾の間、オスはメスをつかみ卵を産むまでそのままでいる。メスは産卵管を使って水生植物の茎に切りこみを入れ、その中に卵を産む。

体　長　3.5cm
食べ物　幼虫は小さな水生動物。成虫は小さな飛翔昆虫
生息場所　池、小川、汽水
分　布　イギリス、ヨーロッパ中部、南部から中央アジア

トラフトンボのなかま
Epitheca princeps

木の上の方で狩りをすることもあるが、たいていは水面近くを飛んでえものをさがしている。一生のほとんどを空中ですごし、植物にはあまりとまらない。

体　長　8.5cm
食べ物　カ
生息場所　池、湖、小川、川
分　布　北アメリカ

サナエトンボのなかま
Gomphus externus

メスの体は黒色と黄色の模様が鮮やか

泥底に産卵するので幼虫は泥の中にいる。腹部の先を泥から突き出し水を出し入れして呼吸する。

腹部は先端の手前で少しふくらむ。オスよりもメスの方がはっきりふくらんでいる。

体　長　6cm
食べ物　幼虫は水生昆虫。成虫は飛翔昆虫
生息場所　泥底で流れの遅い大きな河川の近く
分　布　アメリカ合衆国、カナダ

ベッコウトンボのなかま
Libellula saturata

ヨツボシトンボ属に含まれる。とても速く飛びすばやく向きを変える。休んでいるところにほかのベッコウトンボが近づくと突然相手に向かって飛んでいき警告する。

体　長　7.6cm
食べ物　幼虫はカやカゲロウの幼虫、淡水エビ、小型の魚、オタマジャクシ。成虫はカやユスリカなど小型の飛翔昆虫
生息場所　温かい池、小川、温泉
分　布　アメリカ合衆国南西部

ヨツボシトンボのなかま
Libellula depressa

6月から7月にかけて成虫は繁殖のために池や湖の上を飛ぶ。成熟したオスは淡い青色、メスは茶色。メスは腹部の先を水の中に入れ卵を産む。

体　長　4～4.5cm
食べ物　幼虫は水生昆虫。成虫は飛翔昆虫
生息場所　森林。流れの遅い川や池の近く
分　布　ヨーロッパ中央部

コヤマトンボのなかま

Macromia illinoiensis

じゃり底の小さな川の近くでほとんどの時間を飛び回ってすごす。体にははっきりしたしま模様があり、腹部の先端近くのしまは太い。

体　長　7.6cm
食べ物　幼虫はほかのトンボの水生幼虫、水生甲虫の幼虫。成虫は小型の飛翔昆虫
生息場所　岩底の河川
分　布　北アメリカ

ミナミルリボシヤンマ

Aeshna cyanea

力強く飛ぶ。交尾期にはオスどうしが激しく競争し、時速30kmで自分のなわばりを飛ぶ。

体　長　7cm
食べ物　幼虫は水生昆虫、オタマジャクシ、小型の魚。成虫は飛翔昆虫
生息場所　水生植物の茂る湖や池
分　布　ヨーロッパ

カワゲラ類とガロアムシ類

カワゲラはカワゲラ目に属する、はねのはえた細い体の昆虫です。約 3000 種のなかまがいます。幼虫はほかの昆虫を食べますが、成虫は何も食べず 1 日か 2 日で一生を終えます。ガロアムシ目に属するガロアムシにははねがありません。寒い地域に生息します。カワゲラとガロアムシに関係はありません。

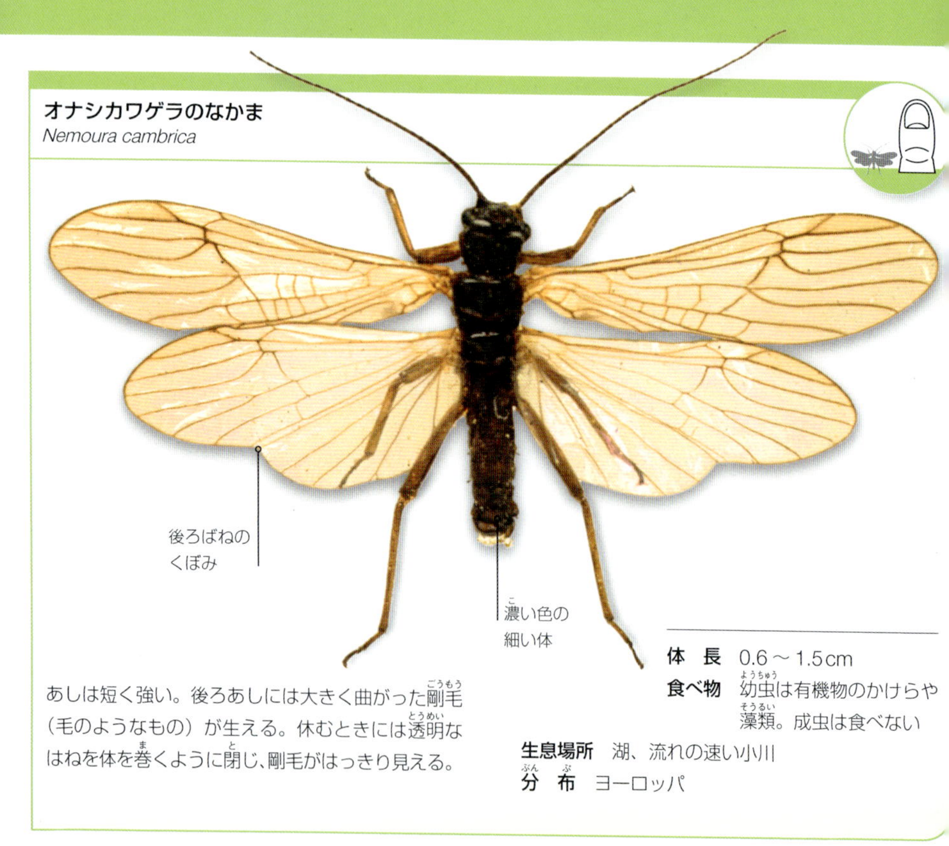

あしは短く強い。後ろあしには大きく曲がった剛毛（毛のようなもの）が生える。休むときには透明なはねを体を巻くように閉じ、剛毛がはっきり見える。

体　長　0.6 ～ 1.5 cm
食べ物　幼虫は有機物のかけらや藻類。成虫は食べない
生息場所　湖、流れの速い小川
分　布　ヨーロッパ

カワゲラのなかま

Perla bipunctata

あまり飛ぶことがなく水辺の石の上でよく休んでいる。オスの大きさはメスの半分ほどで、はねもずっと短い。メスの前ばねはたくさんの筋（し脈）が交差してはしごのような模様をつくる。

体　長　2～2.8cm

食べ物　幼虫はトビケラ、ユスリカ。成虫は食べない

生息場所　高地を流れる岩底の川

分　布　ヨーロッパ、アフリカ

メスのはねは
オスよりも大きい

ミドリカワゲラモドキ

Isoperla grammatica

魚などの捕食者から見つからないように幼虫は石の下で生活する。ほかのカワゲラとはちがい昼間にはねのある成虫になる。空を飛ぶ成虫は太陽の光に黄色くかすんで見える。

体　長　0.9～1.3cm

食べ物　小型の昆虫、生物の死体

生息場所　じゃり底の小川、石底の湖

分　布　ヨーロッパ

ガロアムシのなかま

Grylloblatta campodeiformis

円筒形の腹部

北アメリカの山にいる夜行性の昆虫。成虫になるまでにとても長い時間をかける。メスは交尾の2か月後に卵を産み、幼虫は5年後に成虫になる。

体　長　1.2～3cm

食べ物　昆虫の死体、コケ類、植物

生息場所　鍾乳洞、氷河近くの岩場

分　布　アメリカ合衆国、カナダ

ナナフシ類とコノハムシ類

ナナフシ目には約3000種のなかまがいます。たいていは夜に行動します。木の葉や枝にとてもよく似た形をしていて、森の中でじょうずに身を隠します。

オオカレハナナフシ

Extatosoma tiaratum

メス（写真）はオスよりも大きく、はねがない。毎日10個ほどの卵を産み、腹部ではじき飛ばしてまきちらす。

体　長　2.5～29cm
食べ物　ユーカリの葉
生息場所　森林、草原、熱帯雨林
分　布　オーストラリア、ニューギニア

ホソナナフシのなかま

Anisomorpha buprestoides

危険がせまると胸部の前の方からいやなにおいの液体を出す。この液体には敵の目を刺激する化学物質が含まれている。

体　長　4.2～6.8cm
食べ物　木の葉
生息場所　熱帯
分　布　アメリカ合衆国南部

ナナフシのなかま

Pharnacia sp.

とても長く細い体をしているので、棒が歩いているように見える。
メスにははねがなく、あしを体に近づけるといっそう枝のように見える。

体　長　2.5～2.9cm
食べ物　葉
生息場所　低木、木
分　布　インド

サカダチコノハムシ（サカダチコノハナナフシ）

Heteropteryx dilatata

メスのはねは幼虫のように短くて丸みをおびている。メスは飛ばないが、攻撃されると「ヒューヒュー」という音を出しながら後ろあしを大きく広げ相手をいかくする。

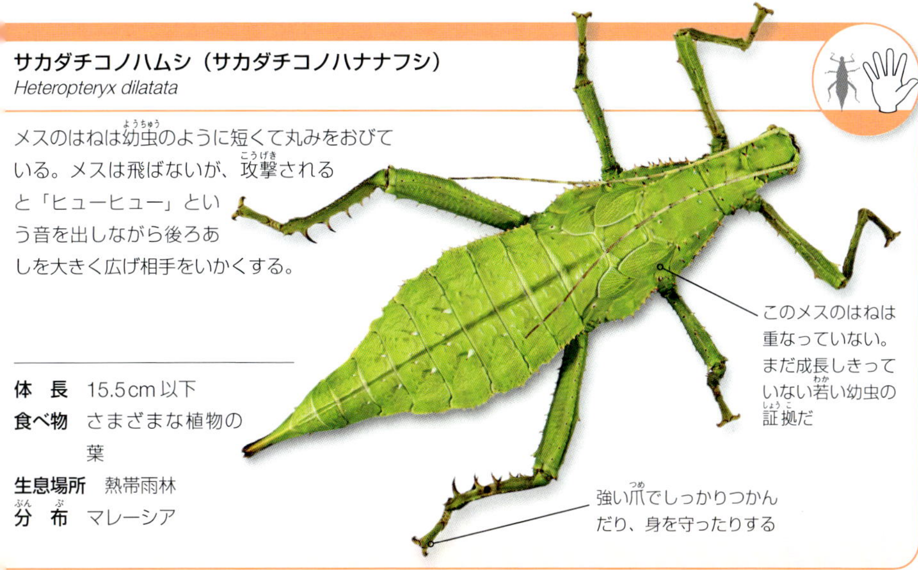

このメスのはねは重なっていない。まだ成長しきっていない若い幼虫の証拠だ
強い爪でしっかりつかんだり、身を守ったりする

体　長　15.5cm以下
食べ物　さまざまな植物の葉
生息場所　熱帯雨林
分　布　マレーシア

アシブトホンコノハムシ

Phyllium bioculatum

コノハムシのなかまは葉のような姿で捕食者から身を隠す。アシブトホンコノハムシは枯れてしわのよった葉に似ている。風にゆれるとますます枯れ葉らしく見える。

体　長　7～9.4cm
食べ物　グアバやランブータンなど果樹の葉
生息場所　熱帯雨林
分　布　東南アジア

歩く葉　コノハムシのメスはオスよりも腹部(ふくぶ)が広い。腹部には色の薄(うす)い部分が二か所ある。葉によくある穴(あな)のように見えるのでいっそう見分けがつかなくなる。

コノハムシはまわりの葉と
あまりにもよく似るので、
ほかのコノハムシに
かじられる
こともある

ハサミムシ類

ハサミムシはハサミムシ目に属し、1900種ほどのなかまがいます。植物や、動植物の遺体を食べます。たいていは前ばねが短く、扇の形をした後ろばねはたたんでいます。腹部の先はハサミの形になっています。

オオハサミムシ

Labidura riparia

ヨーロッパで一番大きなハサミムシ。ほかのハサミムシよりも体の色が薄い。危険がせまると腹部の腺からいやなにおいの液体を出す。

体　長　1.8cm
食べ物　腐敗した動植物
生息場所　砂質の川岸や海岸
分　布　極地以外の世界中

コブハサミムシのなかま

Anechura bipunctata

ハサミムシのなかまには子の世話をするメスが多い。写真のコブハサミムシのなかまははねがなく、土の中に卵を産むとふ化するまで世話をする。細いハサミで卵を守り、ふ化した後は幼虫に自分の体を食べさせる。

メスは卵の世話をする。卵をなめてほこりや菌類の胞子をとりのぞき、きれいに保つ。

体　長　1～1.5cm
食べ物　小さな昆虫、腐敗した植物、動物
生息場所　森林
分　布　ヨーロッパ

ヨーロッパクギヌキハサミムシ

Forficula auricularia

長いハサミは曲がっていて、内側が鋭く、敵から身を守る。後ろばねをしまうときもハサミを使っておりたたむ。

体　長　1.4cm
食べ物　植物、腐敗した生物
生息場所　森林、庭
分　布　極地以外の世界中

ミジンハサミムシ

Labia minor

ヨーロッパに生息するハサミムシの中で一番小さい。よく発達した赤茶色のはねで上手に飛ぶ。

体　長　7mm 以下
食べ物　腐敗した植物
生息場所　たい肥の山、腐敗した植物
分　布　ヨーロッパ

カマキリ類

カマキリ目には2300種以上のなかまがいます。三角形の頭、大きな複眼、自由に動く首が大きな特徴です。後ろを見るために首を回すことができる昆虫はカマキリだけです。

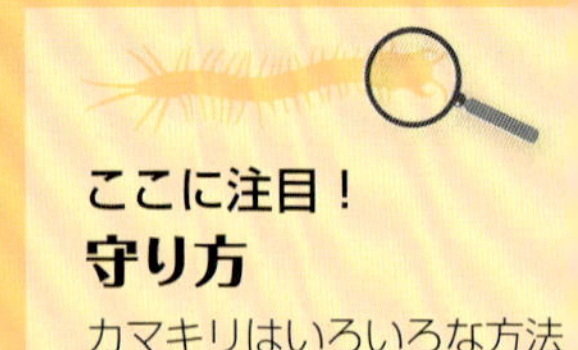

ここに注目！

守り方

カマキリはいろいろな方法で身を守る。

ハナカマキリ

Hymenopus coronatus

ハナカマキリの体とあしの形はランの花びらによく似ていて、とても上手に擬態する。ランの花の中にこっそりまぎれこみ、えものを待つ。何も知らない昆虫が飛んできたところをすばやくつかむ。

体　長　3～6cm
食べ物　幼虫は小さな昆虫。成虫はコオロギ、ガ、チョウ
生息場所　熱帯雨林
分　布　東南アジア

ウスバカマキリ

Mantis religiosa

カマキリはどの種類も同じ姿勢で待ちぶせする。前あしを持ち上げ胸につけている姿はお祈りをしているようだ。ウスバカマキリは正面を向いた目でえものとの距離を正確にはかってからおそいかかる。

◀ハカマキリは頭部、胸部、腹部のどこを見ても葉にそっくり。とても上手に変装して身を守る。

◀カレハカマキリは敵が近づくと前あしを持ち上げはねを広げる。はねの裏側のはっきりした模様を見せて相手を驚かす作戦だ。

大きな複眼

前あしのとげはえものをおそいつかむのに役立つ

体　長　5～7.4cm

食べ物　ガ、コオロギ、バッタ、ハエ

生息場所　木、低木

分　布　ヨーロッパ中部と南部

クシヒゲカマキリ

Empusa pennata

頭のてっぺんに目立つ飾りをつけているので簡単に見分けられる。細い体と葉のように伸びた腹部のおかげで周囲にうまくまぎれる。メスの触角はとても細い。

体　長　6cm

食べ物　小さなハエ

生息場所　草原、低木地帯

分　布　ヨーロッパ南部

小さな突起

コオロギ類とバッタ類

コオロギとバッタのなかまはたいてい大きなはねをもっています。ところが危険がせまると飛ぶのではなく、力強い後ろあしで飛びはねて逃げます。オスの多くはあしやはねをこすり合わせて「歌い」メスを誘います。コオロギとバッタはバッタ目に含まれ、合わせて2万5000種以上のなかまがいます。

サバクトビバッタ

Schistocerca gregaria

サバクトビバッタは群れをつくる。雨期に入るまでは1匹ずつで暮らし、大雨が降ると集まってくる。混みあう状態が刺激となってフェロモン（におい物質）を出し、大きく群れて飛ぶようになる。群れの数は1000億匹にもふくれあがる。数時間で畑の作物をはぎとってしまうほどだ。

体　長　7.5cm以下
食べ物　草や作物などの植物
生息場所　砂漠、草原、農地
分　布　アフリカ北部、中東

ヨーロッパイエコオロギ

Acheta domestica

夜間にだけ活動する。オスは前ばねをこすり合わせて鳴く。メスは鳴き声の大きなオスの方に引きつけられる。声の大きなオスほどたいてい体も大きいので、じょうぶな子を生む可能性が高くなるからだ。

体　長　2.4cm
食べ物　有機物
生息場所　森林、草原
分　布　アジア南西部、アフリカ北部、ヨーロッパ

アワバッタのなかま
Dictyophorus spumans

とても鮮やかな体の色は、食べてもおいしくないことを捕食者に伝える警告のしるし。敵が近づくと胸部の分泌腺から毒性の泡を出して追いはらう。

体　長　6～8cm
食べ物　トウワタ
生息場所　植物のあまり生えていない岩石地帯
分　布　南アフリカ

アフリカドウケツコオロギのなかま
Phaeophilacris geertsi

はねがなく、後ろあしがとても長い。長い触角を使ってまわりのようすや、暗がりにひそむ捕食者を感じとる。

体　長　2cm
食べ物　植物
生息場所　洞くつ、湿度の高い場所、丸太や石の下
分　布　コンゴ民主共和国

ヨーロッパケラ
Gryllotalpa gryllotalpa

モグラを小さくしたような姿をしている。強い前あしで地面に巣穴を掘り、出てきた土を後ろあしで押し出す。日中は地下で、夜間は地上でえさを食べる。

体　長　4～4.5cm
食べ物　植物の根、無脊椎動物
生息場所　牧草地、川岸
分　布　ヨーロッパ

ゴキブリ類

ゴキブリは腐食性の昆虫です。だ円形で平たい体は狭いすき間にもぐりこむのにぴったりです。振動を敏感に感じとるので捕食者に気づくのも早く、うまく逃げることができます。ゴキブリ目には約 4600 種のゴキブリが含まれます。

ここに注目！
生息場所

ゴキブリはうまく適応してさまざまな場所で生きている。

▲ ワモンゴキブリは食べ物がたくさんある人家のまわりにひそんでいる。

▲ オーストラリア西部の砂漠に生息する、体にしま模様があるゴキブリは暑い日中はとても速く動き回る。

▲ ポーセリンローチのなかま（*Gyna laticosta*）はカメルーンの熱帯雨林の地表で生活する。黄色の葉にうまく変装する。

ナンベイオオチャバネゴキブリ
Megaloblatta longipennis

世界一はねの大きなゴキブリ。はねを広げると幅は 20cm になる。メスは繁殖力が高く、年に 5～6 回産卵する。1 回につき約 40 個、一生で約 1000 個の卵を産む。

体　長　6cm
食べ物　植物
生息場所　森林の落葉、がれき、建物
分　布　ペルー、エクアドル、パナマ

ヨーロッパゴキブリ
Ectobius lapponicus

ヨーロッパゴキブリはとても速く走る。
オスとメスとで活動時間がちがう。オスは午後、メスは日が暮れてから。

体　長　0.8～1.3cm
食べ物　腐敗した有機物
生息場所　葉、落葉
分　布　ヨーロッパ。アメリカ合衆国（外来種）

ワモンゴキブリ
Periplaneta americana

アフリカ原産だが、船に入りこみ世界中に広がった。触角は体と同じくらいの長さだ。

体　長　4.4cm
食べ物　腐敗した有機物、貯蔵食品、食べこぼし
生息場所　人家、店舗、食料倉庫
分　布　極地以外の世界中

マダガスカルオオゴキブリ
Gromphadorhina portentosa

ほとんどのゴキブリにはねがあるが、マダガスカルオオゴキブリにはない。気門（昆虫の体にある呼吸をするための穴）から空気を絞り出し、「シュー」という大きな音をたてて捕食者をびっくりさせる。

オスは胸部の「こぶ」を使ってライバルのオスと戦う。

「こぶ」
気門

体　長　6～8cm
食べ物　ふん
生息場所　熱帯
分　布　中央アメリカ

シロアリ類とアザミウマ類

シロアリはコロニーをつくる社会性昆虫です。一つのコロニーで 100 万匹以上のシロアリが生活しています。シロアリ目には約 2900 種のシロアリが含まれます。アザミウマ目は約 7400 種のアザミウマ類を含みます。シロアリもアザミウマも小型の昆虫で、毛の生えた細いはねを二対もっています。

イエシロアリ
Coptotermes formosanus

イエシロアリは土にトンネルを掘って食べ物をさがす。ときには 100m も進む。数百万匹のシロアリからなる大きなコロニーは 1 日で木を約 400g 食べる。この量は木でできた建物に深刻な被害をあたえる。

体　長　6～7mm
食べ物　木。紙や段ボールなどセルロースを含む資材
生息場所　熱帯、亜熱帯
分　布　中国、日本。アメリカ合衆国と南アフリカ（外来種）

キノコシロアリのなかま
Macrotermes sp.

キノコシロアリ属のシロアリは巨大な塚で菌類を栽培する。まるで農家のようだ。キノコシロアリの成虫はかみくだいた木や植物を塚の中にため、その上で菌類を成長させる。

体　長　4～14mm
食べ物　巣で育てた菌類
生息場所　熱帯林、熱帯雨林、草原
分　布　アフリカ、アジア

オオシロアリのなかま
Zootermopsis angusticollis

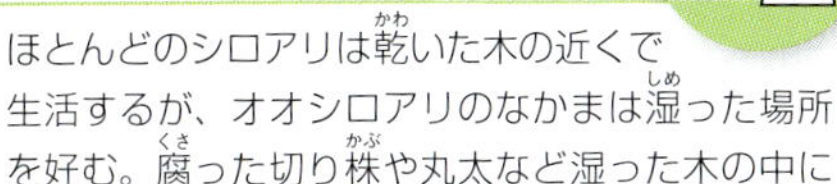

ほとんどのシロアリは乾いた木の近くで生活するが、オオシロアリのなかまは湿った場所を好む。腐った切り株や丸太など湿った木の中にコロニーをつくる。一つのコロニーには約 4000 匹がいる。

体　長　2.4cm
食べ物　腐敗して湿った木
生息場所　湿気の多い森林
分　布　北アメリカの太平洋沿岸

グラジオラスアザミウマ
Thrips simplex

グラジオラスの生えている場所で見つかる。細長い口でグラジオラスの汁を吸う。汁を吸われた花は形が変わったり、色が抜けたりする。

体　長　2mm 以下
食べ物　植物の汁
生息場所　グラジオラスの落葉の中、葉や花や実の上
分　布　アフリカ、アジア、ヨーロッパ、北アメリカ

ハナアザミウマのなかま
Frankliniella sp.

平たい体

節に分かれた触角

メスはのこぎりのような産卵管を使って葉や茎、実を傷つけ、1 個の切り口に卵を 1 個産みつける。卵は植物の中で守られ、ふ化した幼虫は植物の汁をえさにして成長する。

体　長　1 ～ 1.5mm
食べ物　植物の汁
生息場所　植物の生えている場所、人間の生活する場所
分　布　極地以外の世界中

カメムシ類、セミ類

セミ、ヨコバイ、アブラムシ、タガメなどはカメムシ目に含まれ、10万種もの多種多様ななかまがいます。カメムシ目の昆虫はすべて細長い口で植物の汁や、動物の体の組織や血液を吸います。

モリツノシタベニハゴロモ

Phrictus quinquepartitus

色鮮やかな後ろばねをもつ。明るく目立つはねで敵をびっくりさせ、混乱させる。前ばねの緑がかった黄色の模様のおかげで、葉の茂るまわりの環境にうまくまぎれる。

体　長　5.5cm
食べ物　植物の汁
生息場所　森林
分　布　コスタリカ、パナマ、コロンビア。ブラジルの一部

アブラゼミのなかま
Angamiana aetherea

セミはにぎやかな生き物だ。アブラゼミのなかまは大きな声で鳴いてメスを誘い、ライバルのオスのじゃまをする。腹部の脇にある太鼓のような器官をすばやくふるわせて大きな鳴き声を出す。

体　長　3.5～4cm
食べ物　植物、根
生息場所　温帯の木や低木
分　布　インド

アワフキムシのなかま
Cecopis vulnerata

鮮やかな色をしている。強いあしで上手に飛びはねる。メスは植物の上や土の中に卵を産む。ふ化すると幼虫は泡のような物質をつくって体を包み、敵と乾燥から身を守る。

体　長　1～1.2cm
食べ物　植物の汁
生息場所　草の生い茂った場所、牧草地
分　布　ヨーロッパ、アジア

トゲツノゼミのなかま
Umbonia crassicornis

体の上の部分が先のとがった形をしていて、細い体をうまく隠す。捕食者の目には植物のとげのように見える。

体　長　1～1.2cm
食べ物　植物の汁
生息場所　森林
分　布　北アメリカ、南アメリカ、東南アジア

アブラムシのなかま

Macrosiphum albifrons

何千匹（びき）というアブラムシにびっしりおおわれた植物をよく見かける。メスは交尾（こうび）しないで数百匹の子を産むことがある。短期間で子がどんどんふえるため作物に大きな被害（ひがい）をもたらす。

体　長　5mm

食べ物　植物

生息場所　温帯の北部の野生植物や作物

分（ぶん）　布（ぷ）　北アメリカ、ヨーロッパ

タガメのなかま

Lethocerus grandis

後ろあしの毛のおかげでうまく泳げる
一対の呼吸管（こきゅうかん）を使って水中で呼吸する

ナシキジラミのなかま

Cacopsylla pyricola

ナシの木の害虫。メスはナシの木に卵（たまご）を産む。幼虫（ようちゅう）も成虫もナシの木の樹液（じゅえき）を吸（す）う。

体　長　1.5～5mm

食べ物　植物の汁（しる）

生息場所　ナシの木

分（ぶん）　布（ぷ）　ヨーロッパ、アジア、アメリカ合衆（がっしゅう）国（こく）

ヒメアメンボ

Gerris lacustris

長いあしを広げ、体重をうまく分散させて水の上を「歩く」。あしに生えている特殊（とくしゅ）な毛で水面のさざ波を感じとり、えものを見つけだす。

体　長　1～1.2cm

食べ物　ほかの昆虫（こんちゅう）

生息場所　池、小川、川、湖

分（ぶん）　布（ぷ）　極地以外の世界中

写真のタガメはカメムシ目の中で1、2を争うほど大きい。ハサミのような前あしと毒を含むだ液で、カエルや魚ほどの大きなえものをつかまえる。東南アジアでは食用にする地域もある。

体　長　8～10cm
食べ物　カエル、魚、ほかの昆虫
生息場所　亜熱帯、熱帯
分　布　極地以外の世界中

前あしの鋭いかぎ爪

マツモムシのなかま
Notonecta glauca

水面のすぐ下で、細長いだ円形の体をあお向けにして、長い後ろあしを櫂のように使って泳ぐ。広い範囲を見わたしながら見つけたえものを前あしでつかむ。

体　長　1.7cm
食べ物　オタマジャクシ、小さな魚、昆虫
生息場所　池、湖、用水路、運河
分　布　ヨーロッパ

ヒメタイコウチのなかま
Nepa cinerea

あしと体をこすり合わせ甲高い音を出してメスを誘う。前あしでえものをつかまえしっかりつかむ。後ろあしを使って浅い池の水ぎわを泳ぐ。

体　長　1.8～2.2cm
食べ物　ほかの昆虫
生息場所　ほとんど流れのない水域や浅い水場
分　布　ヨーロッパ

長い尾は呼吸器官。水中では長い尾をシュノーケルのように使って呼吸をする。

トコジラミ
Cimex lectularius

人間など哺乳類の血液を吸う寄生昆虫。吸血をするのは夜間だけ。日中はすき間にひそんでいる。はねがなく、体は平たい。

体　長　4～5mm
食べ物　血液
生息場所　宿主動物の体、巣、洞くつ、建物
分　布　世界中

ナガミドリカスミカメムシ
Lygocoris pabulinus

カメムシ目の中で一番大きなカスミカメムシ科のなかま。ナシ、リンゴ、ラズベリーなどに深刻な被害をもたらす害虫だ。食べたあとの果物にこぶのようなもりあがった斑点を残す。

体　長　6mm
食べ物　果物や作物の汁
生息場所　草や農作物が生い茂った場所
分　布　ヨーロッパ

ヘリカメムシのなかま
Bitta flavolineata

葉の形に似たあしで敵からうまく身を隠す。寿命はわずか3週間。卵を産みつけられた植物でふ化してから2週間をすごし成虫になる。

体　長　1.8cm
食べ物　植物
生息場所　植物がびっしり生い茂った場所
分　布　中央アメリカ、南アメリカ

ヒメナガメ

Eurydema dominulus

目立つ色で捕食者に対してまずい味だと警告している。キャベツやカブなどアブラナ科の作物に深刻な被害をあたえる害虫。

赤色と黒色の前胸背板（胸部の上面）

小盾板（前胸背板の後方の三角形の部分）の上の大きな黒斑

体　長　8mm

食べ物　植物

生息場所　森林、キャベツやカブの畑

分　布　ヨーロッパ

クビアカサシガメのなかま

Platymeris biguttata

毒を含むだ液をはき出して捕食者をたじろがせる。この毒は捕食者の目を一時的に見えなくすることもある。

体　長　4cm

食べ物　ほかの昆虫

生息場所　熱帯

分　布　西アフリカ

グンバイムシ

Tingis cardui

はねと背中の細かい模様がレースのように見える小型の昆虫。体はワックス質の粉でおおわれ淡い灰色に見える。

体　長　3～4mm

食べ物　アメリカオニアザミ、ジャコウアザミ、ヌマアザミ

生息場所　草地

分　布　ヨーロッパ西部

ヒメナガメ

ヒメナガメのなかまの体は、盾(たて)のようにも見えるじょうぶな外骨格(がいこっかく)でおおわれている。革質(かくしつ)の前ばねと薄(うす)い後ろばねはあまりやわらかくなく、飛んでいるとはねを打ちつける音がする。

メキシコの
調味料サルサには
変わった材料を
使うことがある—
ヒメナガメもそのひとつ

シラミ類

シラミ目には5200種のシラミ類が含まれます。シラミ類ははねがなく、鳥や哺乳類に寄生して血液を吸います。近縁種のチャタテムシやヒラタチャタテは腐食性です。どちらも5600種ほどのなかまといっしょにチャタテムシ目に含まれます。

ニワトリオオハジラミ

Menacanthus stramineus

鳥類の羽毛を食べて脱毛状態にする。人間の飼っているニワトリやシチメンチョウなどに寄生する。羽毛の根元近くで生活し、強いあしの先の爪でしっかりつかむ。

体　長　5mm
食べ物　羽毛、血液、皮ふの分泌物
生息場所　飼育されている鳥類
分　布　極地以外の世界中

ヒトジラミ

Pediculus humanus capitis

人間の頭皮の上で生活する。メスは1日に9～10個の卵を産み、のりのような分泌物で1個ずつ毛につけていく。一度ついた卵をとるのはむずかしい。

爪で毛幹をしっかりつかむ

洋ナシのような形の平らな体

体　長　2～3mm
食べ物　血液
生息場所　人間
分　布　極地以外の世界中

ヤギハジラミ
Damalinia limbata

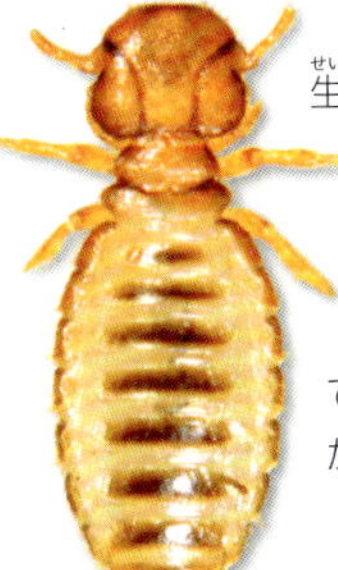

ヤギやヒツジに寄生する。宿主の哺乳類が分泌する皮脂を食べる。宿主の皮ふに刺激をあたえ、ヒツジの毛をいためることもある。ヤギやヒツジが1匹でも感染すると群れ全体に広がってしまう。

体　長　1～2mm
食べ物　皮ふ、毛、分泌物、血液
生息場所　ヤギやヒツジの体表
分　布　極地以外の世界中

コナチャタテのなかま
Liposcelis liparius

菌類を食べるため湿度の高い場所で生活する。一定の湿度になると繁殖して、穀物や本を食べる害虫となる。

体　長　1.5mm
食べ物　菌類、腐敗した有機物
生息場所　人間の生活する周辺の湿った暗い場所
分　布　極地以外の世界中

チャタテムシのなかま
Psococerastis gibbosa

寄生するシラミ類とはちがい、はねがある。休んでいるときははねが屋根のように体をおおう。木にとまっていることが多い。樹皮に卵を産む。

体　長　6mm
食べ物　菌類、腐敗した有機物、花粉、藻類
生息場所　落葉樹、針葉樹
分　布　ヨーロッパ、アジア

センブリ類となかま

約 300 種のセンブリ類と近縁のヘビトンボ類はヘビトンボ目に含まれます。どちらも上手に飛べません。幼虫は水中で生活し動物をつかまえて食べますが、成虫は何も食べません。

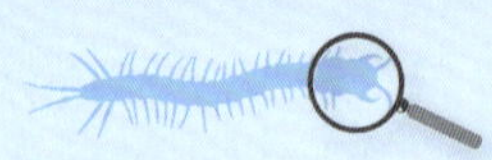

ここに注目！
単　眼

節足動物の多くは複眼のほかに単眼ももっている。単眼は光だけを感じる。

▲ヘビトンボ類の頭には単眼が 3 個、三角形に並んでいる。3 個の単眼で地面に対する角度を感じとり水平に飛ぶ。

▲センブリ類は単眼がないため、上手に飛べない。

オオアゴヘビトンボ
Corydalus cornutus

オスの大あごは長くて弱い。交尾の間、メスをつかむために使う。メスの大あごは短くてじょうぶ。危険がせまると敵にかみつき痛みをあたえる。

体　長　10cm
食べ物　幼虫は小さな水生昆虫やぜん虫。成虫は食べない
生息場所　とくに温暖な地域の小川
分　布　北アメリカ

ヘビトンボのなかま
Chauliodes sp.

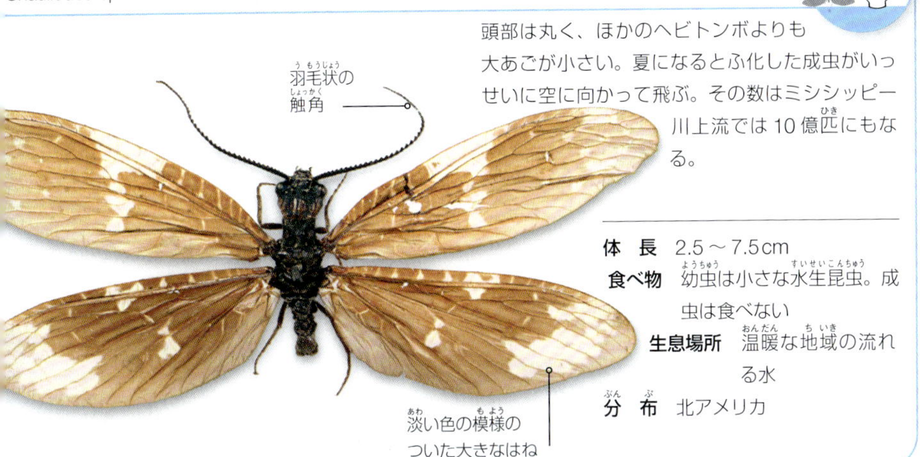

頭部は丸く、ほかのヘビトンボよりも大あごが小さい。夏になるとふ化した成虫がいっせいに空に向かって飛ぶ。その数はミシシッピー川上流では 10 億匹にもなる。

体　長　2.5 ～ 7.5cm
食べ物　幼虫は小さな水生昆虫。成虫は食べない
生息場所　温暖な地域の流れる水
分　布　北アメリカ

センブリのなかま
Sialis lutaria

メスは 1 回の産卵で 2000 個くらいの卵を産む。水の近くの枝や葉に産卵し、ふ化した幼虫は水の中へと落ちていく。ある程度成長すると水からはい出て、近くの湿った土の中でさなぎになる。

体　長　1.4 ～ 1.8cm
食べ物　幼虫は小さな水生昆虫やぜん虫。成虫は食べない
生息場所　泥底の池、用水路、ゆっくり流れる水
分　布　極地以外の世界中

クサカゲロウ類となかま

7000 種類のクサカゲロウ類となかまはアミメカゲロウ目に含まれます。大きな目と長い触角をもち、口の形はそしゃく型です。休むときには、脈があみのように広がるはねをたたんで体の上にかぶせます。

クサカゲロウのなかま
Chrysopa perla

成虫の体は青緑色、はねには黒色の脈があるのでわかりやすい。アブラムシを捕食する。アブラムシのコロニーの近くで産卵し、幼虫もアブラムシを食べる。

体　長　1～1.2cm
食べ物　花粉、花のみつ、アブラムシ、葉や茎のみつ
生息場所　落葉樹の森林
分　布　ヨーロッパ

リボンカゲロウのなかま
Nemoptera sinuata

日中だけ活発に活動する。卵からかえると卵形の幼虫は砂の中に隠れ、触角を使ってえものの動きをさぐる。

体　長　4cm
食べ物　幼虫は昆虫。成虫は花粉や花みつ
生息場所　森林、開けた草地
分　布　ヨーロッパ南東部

ツノトンボのなかま
Libelloides macaronius

晴れた温かい日の夕方によく飛んでいる。成虫は飛びながら、同じく飛んでいるほかの昆虫をさっとつかまえる。

体　長　3cm
食べ物　ほかの昆虫
生息場所　草地、温かい地域の乾いた森林
分　布　ヨーロッパ南部と中部、アジア

ヨーロッパモンウスバカゲロウ
Palpares libelluloides

イトトンボのように細い。幼虫はアリや小さな昆虫をしとめるために、円すい形の穴を砂に掘る。

メスをしっかりつかむための器官。オスにだけある

体　長　5～5.5cm
食べ物　花粉、小さな昆虫、クモ
生息場所　荒れた草地、低木の生い茂る温かい地域
分　布　地中海地方

カマキリカゲロウのなかま
Mantispa styriaca

カマキリモドキ科というグループに含まれる。カマキリに似た前あしでえものをつかまえる。鮮やかな体の色で敵を追いはらう。

目にもとまらぬ速さでえものをしとめる。0.1 秒もかからない。

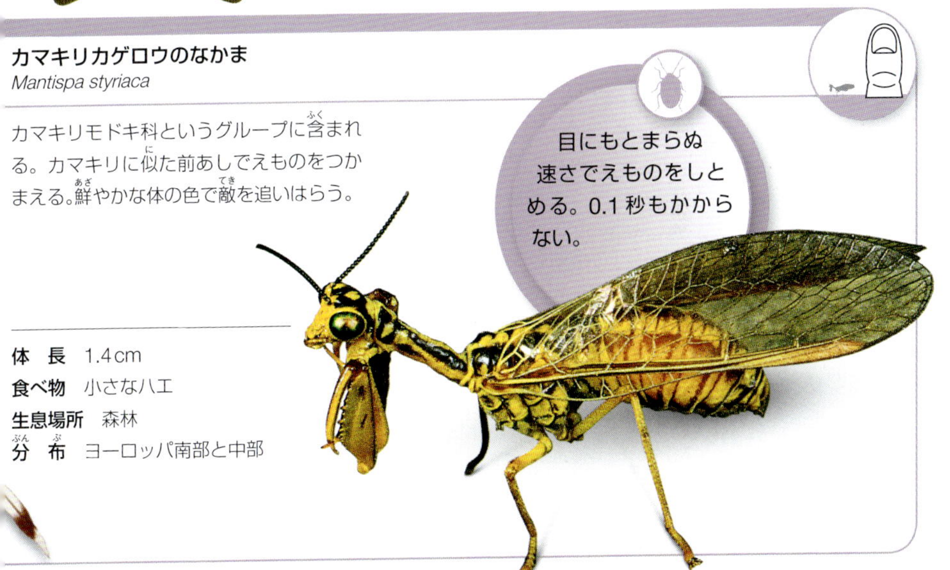

体　長　1.4cm
食べ物　小さなハエ
生息場所　森林
分　布　ヨーロッパ南部と中部

ここに注目！

大きさ

同じ甲虫でも体の大きさは実にさまざまだ。

▲タイタンオオウスバカミキリの成虫のオスは体長17cm。世界でもっとも大きな甲虫の一種。

▲ムクゲキノコムシのなかま（*Actidium coarctatum*）は体長0.6～0.68mm。世界でもっとも小さな甲虫の一種。

甲虫類

約37万種を含むコウチュウ目は昆虫の中で一番大きなグループです。陸や淡水のさまざまな場所に生息しています。さやばねとよばれるじょうぶな前ばねで薄い後ろばねをおおい保護しています。

バイオリンムシ
Mormolyce phyllodes

バイオリンそっくりの形にちなんで名前もバイオリンムシとつけられた。平らな腹部と胸部を樹皮の狭い空間に押しこんで、捕食者から逃れる。危険がせまると長く細いあしでさっと逃げる。

糸のような長い触角

体　長　8～10cm
食べ物　昆虫の幼虫、カタツムリ
生息場所　熱帯雨林
分　布　東南アジア

ゲンゴロウのなかま
Dytiscus marginalis

はねの下に空気をためて水中で呼吸をする。毛がびっしり生えたあしで水中をすいすい泳ぐ。ときおり尾を上にして水面まで上がり空気をためなおす。

体　長　3.5～4cm
食べ物　小さな水生無脊椎動物、魚、オタマジャクシ
生息場所　ツンドラ地域の池や浅い湖、湿地帯、市街地
分　布　ヨーロッパ、アジア北部

ホソクビゴミムシ
Brachinus crepitans

おもしろい方法で身を守る。敵が近づくと、尾の先から大きな「プッ」という音といっしょに毒性の強い熱いガスを出す。体の下に尾を入れて噴射方向を変えることができるので、相手がどちらにいてもねらいを定めることができる。

体　長　0.6～0.9cm
食べ物　ほかの甲虫類の幼虫
生息場所　森林、草地
分　布　ヨーロッパ

ハネカクシのなかま
Staphylinus olens

さやばねが体をおおうほとんどの甲虫とはちがい、腹部がむき出しになっている。敵が近づくと腹部を上向きにそらせて追いはらう。その姿は今にも針を刺そうとするサソリのようだ。とても速く走るので英語では「悪魔の馬車馬」ともよばれる。アイルランド神話では罪人を食べる悪魔が変装した虫とされていた。

体　長　3cm
食べ物　ほかの昆虫
生息場所　森林、庭の落葉
分　布　ヨーロッパ、北アメリカ、オーストラリア

ミツノセンチコガネ
Typhaeus typhoeus

オスとメスがいっしょに砂の中にトンネルを掘って巣をつくる。子のえさも協力して用意する。オスがヒツジやウサギのふんを集め、メスが小さなソーセージ形のかたまりにする。

体　長　1.5～2cm
食べ物　ヒツジやウサギのふん
生息場所　低木地帯の砂地
分　布　ヨーロッパ西部

オスには牡ウシのような角がある。ギリシア神話のミノタウロス（半牛半人の怪物）の角に似ている。

ヘラクレスオオカブトムシ
Dynastes hercules

世界で1、2を争う力持ち。この体で、自分の体重の850倍の重さの荷物を運ぶ。たとえていうと、人間が2階建てバス6台をひっぱるようなもの。

体　長　6～19cm
食べ物　幼虫は腐敗した有機物。成虫は腐敗した果物
生息場所　熱帯雨林
分　布　中央アメリカ、南アメリカ

コガネムシのなかま
Chrysina esplendens

金色に見えるのは体の色が金色や黄色だからではない。さやばねに太陽の光が反射して、みがいた金属のように見えるのだ。暗い森の中でキラキラ光ると捕食者は目をあざむかれてコガネムシとはあまり気づかない。

ヨーロッパミヤマクワガタ
Lucanus cervus

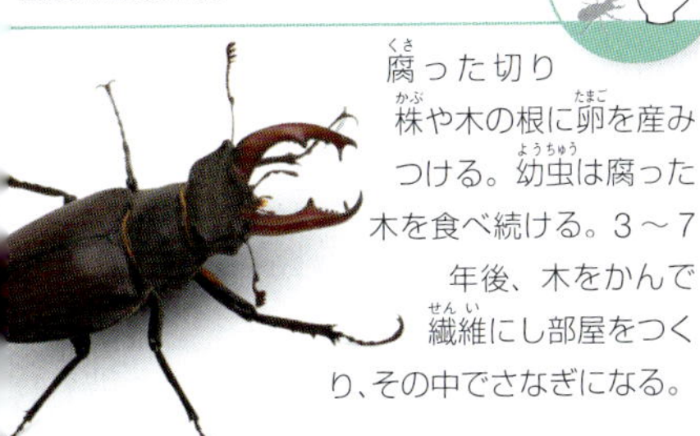

腐った切り株や木の根に卵を産みつける。幼虫は腐った木を食べ続ける。3～7年後、木をかんで繊維にし部屋をつくり、その中でさなぎになる。

体　長　2.2～7.5cm
食べ物　幼虫は腐敗した木。成虫はにじみ出る樹液や落下した果実
生息場所　落葉樹林
分　布　ヨーロッパ南部、中部

体　長　2cm
食べ物　ふん、腐敗した木、菌類
生息場所　熱帯林、植林地
分　布　コスタリカ、パナマ

ハナムグリのなかま
Neptunides polychrous

少し平らで四角ばった、がっしりした体形。頭部には角のような突起、あしには針がついている。体の色は緑色が多いが、そのほかにもさまざまな色の個体がいる。

体　長　3～3.5cm
食べ物　幼虫は枯れ木。成虫は花粉、花みつ、果実
生息場所　熱帯林
分　布　アフリカ東部

ジョウカイボンのなかま
Rhagonycha fulva

きれいに咲いた花の上で成虫が花みつやほかの昆虫を食べているところをよく見かける。幼虫は土や落葉の中にいて、トビムシ、アブラムシ、ハエの幼虫など小さな無脊椎動物を食べる。

体　長　1cm
食べ物　幼虫は土の中にすむ小さな無脊椎動物。成虫は花粉や花みつ
生息場所　牧草地、森林の縁
分　布　ヨーロッパ、北アメリカ

カミキリのなかま
Batocera rufomaculata

幼虫は木を食べながらトンネルを掘っていく。マンゴやイチジクの木をおそうことでも有名だ。

体　長　5～6cm
食べ物　幼虫は木を食べる。成虫は樹液、花粉、花みつ、葉
生息場所　熱帯林や植林地の地表、地中、落葉の中
分　布　インド、東南アジア

オビカツオブシムシ
Dermestes lardarius

死んだ動物や腐敗した動物の肉や骨に卵を産みつける。人家では、とくにハム、ベーコン、チーズといった動物性の貯蔵食料にすみつく。

体　長　8～10mm
食べ物　動物の死体、乾燥肉、貯蔵中のチーズ、毛皮、毛、骨、鳥が捨てた巣
生息場所　建物、人家、森林
分　布　極地以外の世界中

カミキリのなかま
Phosphorus jansoni

ほかのカミキリと同じく長い触角をもつ。体よりも長い。体色は明るく、コラノキによくついている。幼虫もコラノキをおそう。

体　長　2.8～3.6cm
食べ物　幼虫は木。成虫は樹液、花みつ、葉
生息場所　熱帯林
分　布　西アフリカ

シデムシのなかま

Nicrophorus investigator

触角を使って遠くからでも動物の死体を見つけだす。おもに小さなネズミや鳥の死体を地面にうめ、腐敗していく死体の上に卵を産む。腐敗した死体はふ化した幼虫のえさとなる。

体　長　2.6cm
食べ物　動物の死体、腐敗した死体
生息場所　森林、草地
分　布　北半球

ゴミムシダマシのなかま

Gibbifer californicus

つややかなさやばねに黒い斑点が散らばっている。夏の、とくに雨の多い時期に見かける。高い木に生える菌類のかたまりをよく食べている。

体　長　1.8～2.2cm
食べ物　木や腐りかけの木に生える菌類
生息場所　湿度の高い森林
分　布　アメリカ合衆国南西部

ナナホシテントウ
Coccinella septempunctata

ヨーロッパでもっともよく見かける甲虫の一種。さやばねの明るい色は、毒をもっていることを敵に知らせる警告の色だ。さらに捕食者を追いはらうためにあしの関節からいやな味のする血液を出す。

体　長　6～9mm
食べ物　アブラムシなどやわらかい昆虫
生息場所　林、公園、庭
分　布　ヨーロッパ、アジア、北アメリカ

テントウムシのなかま
Psyllobora vigintiduopunctata

テントウムシの多くはあしが短く、体は斑点やしま模様のついた明るい色をしている。このテントウムシは左右のさやばねにそれぞれ11個の斑点がある。

体　長　3～5mm
食べ物　白カビなどの菌類
生息場所　牧草地
分　布　ヨーロッパ

カメノコハムシ
Aspidomorpha miliaris

盾のような形の「こうら」でおおわれている。危険がせまると頭とあしを「こうら」の下に引っこめ葉にぴったりくっつく。

体　長　15mm
食べ物　サツマイモなど
生息場所　トウモロコシやサツマイモの畑
分　布　東南アジア

ハデツヤモモブトオオハムシ
Sagra buqueti

英語名（Jewelled frog beetle）のとおりカエル（frog）の後ろあしによく似た力強い後ろあしをもつ。さやばねが太陽の光を反射すると緑赤色の宝石のように見える。

体　長　3～3.5cm
食べ物　幼虫は茎、葉、根。成虫は葉
生息場所　熱帯林
分　布　タイ、マレーシア

オオツチハンミョウ
Meloë proscarabaeus

ハチが訪れる花に卵を産みつける。ふ化した幼虫はハチにくっつき、そのままハチの巣まで運ばれてハチの幼虫を食べる。

体　長　2.4～3.4cm
食べ物　幼虫は花粉、花みつ、ハチの幼虫。成虫は植物、花みつ
生息場所　温かい地域の牧草地、ヒース荒野、海岸地帯
分　布　ヨーロッパ

シロスジサビコメツキ
Chalcolepidius limbatus

胸部の強力な筋肉をぐいと動かし飛びはねる。同時に「パチン」という大きな音を出して敵を驚かす。

体　長　3〜4cm
食べ物　幼虫は植物の根、塊茎、ほかの昆虫。成虫はほかの昆虫、植物
生息場所　森林、草地
分　布　南アメリカ

ゴミムシダマシのなかま
Onymacris candidipennis

大西洋からナミブ砂漠に湿気を含んだ霧が流れこむと、頭を低くし尾を高くする。すると霧に含まれる水滴がさやばねに集まり、口にしたたり落ちる。ナミブ砂漠を生きのびるためのみごとなしくみだ。

体　長　1.8〜2cm
食べ物　幼虫は植物の根。成虫は腐敗した有機物
生息場所　砂漠
分　布　アフリカ南西部の海岸

カッコウムシのなかま
Thanasimus formicarius

針葉樹の枯れ木や倒木にいるキクイムシとその幼虫を狩る。キクイムシも強い相手だが強力な大あごでしとめる。狩りのときはすばやく動く。

体　長　7〜10mm
食べ物　キクイムシの成虫、幼虫、卵
生息場所　針葉樹林
分　布　ヨーロッパ、アジア北部

オトシブミのなかま
Trachelophorus giraffa

キリンの首のような奇妙な姿の甲虫。オスの首はメスの2〜3倍長い。メスの気をひくためにオスどうしで首のふり方を競う。メスは首を使って葉を丸めて筒をつくり、1本の筒に1個ずつ卵を産む。

リンネホウセキゾウムシ

Eupholus linnei

ゾウムシ科の甲虫の頭部は長く伸びる。クチバシ状突起ともよばれ、大あごはここについている。リンネホウセキゾウムシは大あごでお気に入りのえさ（でんぷん質をたくさん含むつる性植物の塊茎）をかむ。

体　長　2～2.6cm
食べ物　植物の塊茎
生息場所　森林、草地
分　布　インドネシア東部

首の長さは
世界中のどの
昆虫にも負けない。
小さな頭に、節
に分かれた触角
がついている

体　長　2.6cm
食べ物　植物
生息場所　熱帯雨林
分　布　マダガスカル

中世のヨーロッパでは、
ミヤマクワガタはあごに熱い
種火をもっていて
家を燃やす
とされていた

ヨーロッパミヤマクワガタ

ヨーロッパミヤマクワガタは交尾期になると、メスやなわばりをめぐってオスどうしが戦う。牡ジカの角のようによく発達した力強い大あごでたがいをつかむ。

シリアゲムシ類とノミ類

シリアゲムシ目に含まれる550種類のシリアゲムシはどれも細長いサソリのような腹部をもっていて、ほかの昆虫や腐ったものを食べます。一方ノミ類は2400種類すべてが哺乳類や鳥類に寄生して血液を吸います。ノミ類はノミ目に含まれます。

シリアゲムシのなかま

Panorpa communis

はねがじょうぶではないので、あまり遠くまで飛ばない。5～9月には葉の上で休んでいることが多い。オスの腹部の先にサソリの針によく似た、一対の上を向いた器官がある。交尾の間、メスをつかむための把握器だ。

体　長　1.8cm
食べ物　幼虫は腐敗した有機物。成虫は昆虫や昆虫の死体
生息場所　日かげの生け垣、森林の縁
分　布　ヨーロッパ西部

ユキシリアゲムシのなかま

Boreus hyemalis

雪の多い高地に生息する。短くて飛べないはねはオスでは毛、メスではうろこのように見える。飛べないが、強力な後ろあしと中あしを使って短い距離を飛びはねる。

体　長　3～5mm
食べ物　コケ類
生息場所　寒い高山帯
分　布　ヨーロッパ

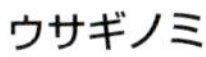

ウサギノミ

Spilopsyllus cuniculi

後ろあしのゴムのような足裏にたくわえたエネルギーを使って宿主の動物に飛び乗る。ウサギの耳の近くによくいる。ウサギの血液を吸うが、宿主から離れても数か月は生きていける。

体　長　3mm 以下
食べ物　ウサギの血液
生息場所　ウサギ、野ウサギ
分　布　北半球

ネコノミ

Ctenocephalides felis

飼いネコによくついている。ネコの体についているネコノミの成虫はわずか数匹だが、ネコの寝床には数千匹の幼虫がすんでいる。空腹になると 34cm も飛びはねて人間にかみつくこともある。

体　長　3mm
食べ物　ネコ、イヌ、人間など哺乳類の血液
生息場所　ネコの体表
分　布　極地以外の世界中

ハエ類となかま

ハエ類とそのなかまははねを一対しかもっていません。後ろばねは、飛行を安定化させるはたらきをする平均こんとよばれる器官に進化しました。約 15 万種類いるハエ類やそのなかまはハエ目に含まれます。

ここに注目！
だいじな仕事

ハエ類は授粉媒介者、捕食者、分解者として重要なはたらきをする。

▲ みつを吸いにきたハナアブは体に花粉をつけて次の花に飛んでいく。この花粉は次の花のめしべと授粉する。

▲ 寄生バエは作物の害虫であるいも虫に卵を産む。いも虫の中でふ化したハエの幼虫はいも虫の体を食べ、外に出てからさなぎになる。

ツノキノコバエのなかま
Platyura marginata

小さくてか細いカのような姿のハエ。人家周辺の植物の近くでよく見かける。

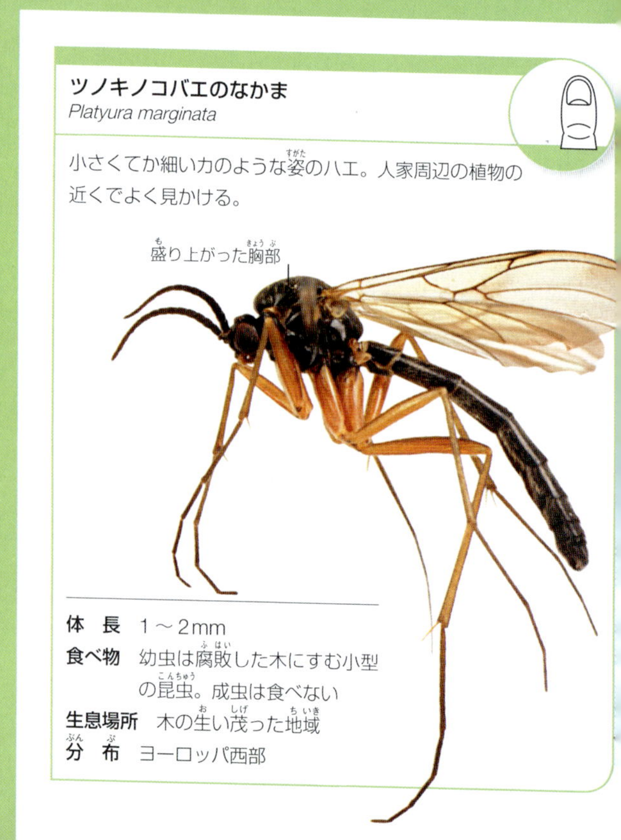

体　長　1 ～ 2mm
食べ物　幼虫は腐敗した木にすむ小型の昆虫。成虫は食べない
生息場所　木の生い茂った地域
分　布　ヨーロッパ西部

ヌカカのなかま

Culicoides nubeculosus

あしは短くて強い。口は血液をうまく吸えるような形をしている。ヌカカ類にさされるとかゆくなる。

体　長　2mm
食べ物　幼虫はほかの昆虫や植物。成虫はウマやウシの血液
生息場所　ふん、汚水
分　布　ヨーロッパ

カのなかま

Culex sp.

メスのカは世界でもっとも危険な害虫だ。マラリアなど死に至る多くの病気を媒介する。注射針のような口を大きな動物の皮ふに突き刺し血液を吸う。イエカ属のメスは日本脳炎やフィラリアといった病気を広める。

体　長　6～9mm
食べ物　オスは花。メスは哺乳類や鳥類の血液
生息場所　温帯地域や湿潤熱帯地域の水場の近く
分　布　極地以外の世界中

リンゴミバエ
Rhagoletis pomonella

ミバエのなかま。リンゴの害虫だがほかの果実も食べる。メスは熟していない果実に卵を産みつけ、幼虫は芯ではなく果肉を食べる。幼虫に食べられた果実は腐敗する。

体長 5mm
食べ物 果実
生息場所 果樹園
分布 北アメリカ

黒と白のしま模様が目立つはね

ヒログチバエのなかま
Achias rothschildi

オドリバエのなかま
Empis tessellata

交尾のために群れをつくり踊るように飛び回る。交尾の前にきまってオスはメスにえものをおくり、メスの機嫌をうかがう。

体長 1〜1.2cm
食べ物 幼虫はやわらかい動物。成虫は小さなハエと花みつ
生息場所 牧草地、生け垣
分布 ヨーロッパ、アジア

高度1400mあたりでよく見かける。オスは目立つ長い眼柄でメスを引きつける。オスどうしで戦うときは眼柄の短い方が屈することが多い。

体　長　1.5～1.8cm
食べ物　幼虫はほかの昆虫、腐敗した有機物。成虫は食べない
生息場所　熱帯林
分　布　パプアニューギニア

ハナアブ
Eristalis tenax

ハナアブ科のなかま。外形も飛び方もミツバチによく似るが、針はない。ミツバチと似ることで捕食者からうまく逃れている。

体　長　1.1～1.3cm
食べ物　花粉、花みつ
生息場所　草原、森林、山地、砂漠、熱帯林
分　布　ヨーロッパ。北アメリカ（外来種）

ムシヒキアブのなかま
Blepharotes splendidissimus

前に突き出した、先の鋭い吻（吸うのに適した長い口）をもつ。えものに吻を突き刺し、だ液を注入してまひさせてから、体液を吸う。

体　長　3.5～5cm
食べ物　甲虫、ハエ。幼虫は腐敗したものも食べる
生息場所　熱帯、亜熱帯
分　布　オーストラリア東部

ホホアカクロバエ
Calliphora vicina

人間を含む動物が死ぬといち早く死体に飛んでくる。腐敗した肉を食べ、ウジとよばれる白っぽい幼虫も同じ場所でいっきに成長する。

体　長　1～1.2cm
食べ物　幼虫は腐敗した死体。成虫は花みつ、腐敗した有機物の汁
生息場所　腐敗した有機物の上や周辺
分　布　ヨーロッパ、北アメリカ

ニクバエのなかま
Sarcophaga carnaria

腐敗した死体、さらに哺乳類の傷口の組織も食べる。メスの体内でふ化させてから幼虫を産む卵胎生。

体　長　1.4～1.8cm
食べ物　幼虫は腐敗した死体。成虫は花みつ、腐敗した有機物の汁
生息場所　腐敗した有機物の上や周辺
分　布　ヨーロッパ、アジア

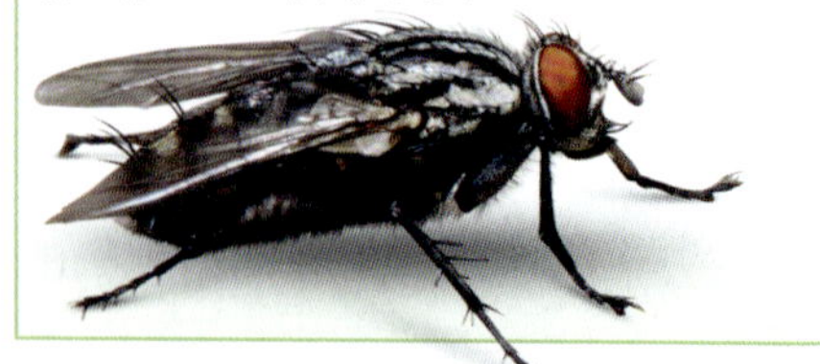

ヒメフンバエ
Scathophaga stercoraria

名前のとおりウマやウシのふんの上でよく見かける。ふんは繁殖地であり、成長していく幼虫のえさ場でもある。捕食性の成虫は、ふんに寄ってきたほかの昆虫をおそう。

体　長　8～11mm
食べ物　幼虫はふん。成虫はほかの昆虫
生息場所　動物のふんの上や周辺
分　布　北半球

イエバエ

Musca domestica

世界中の人家のまわりにいる。かんだり刺したりはしないが、食べている間に細菌やウイルスが原因の病気を広げる。スポンジのような口を使って液体を飲む。固形物の場合はだ液でやわらかくしてから食べる。

体　長　8～10mm
食べ物　排泄物、ゴミ、腐敗した有機物、腐敗したものの汁
生息場所　人の暮らす場所
分　布　世界中

ウラジラミバエ

Hippobosca equina

ウマなどの動物に寄生する。これと決めた宿主に爪でしっかりしがみつき、口を突き刺し血液を吸う。一度くっつくとなかなかとれない。

体　長　8mm
食べ物　幼虫は母親の体内で育つ。成虫はウマ、シカ、ウシの血液
生息場所　森林
分　布　ヨーロッパ、アジア

ツェツェバエ

Glossina morsitans

前にぐっと突き出た口で、人間、レイヨウ、ウシ、ウマ、ブタなどさまざまな哺乳類の血液を吸う。人間に象皮病や眠り病を媒介する。

体　長　0.9～1.4cm
食べ物　幼虫は母親の体内で育つ。成虫は哺乳類の血液
生息場所　サバンナ、草地、農場
分　布　アフリカ

ムシヒキアブ　上手に狩りをする。首が自由に動くので頭を回してえものをまっすぐ見る。細長いはねでうまくかじをとりながら、飛んでいる昆虫を追いかける。空中でえものをつかまえると、吻をひといきに突き刺す。

1個の複眼に
8000個のレンズ
があるムシヒキアブは
とても視力がよい

トビケラ類

トビケラはガによく似ていて、毛がたくさん生えた細長い体に細長い触角がついています。多くは淡水域に生息し、自分で巣をつくる幼虫がたくさんいます。約1万3000種のトビケラはトビケラ目に含まれます。

ヒトメトビケラのなかま

Agraylea multipunctata

とても小さなトビケラのなかま。幼虫は水のたっぷりある場所で自由に泳ぎ回り、十分に成長すると砂と口から出した糸でさや状の巣をつくりさなぎになる。

体　長　3～4.5mm
食べ物　幼虫は藻類。成虫は食べないとされている
生息場所　池、湖
分　布　北アメリカ

エグリトビケラのなかま

Glyphotaelius pellucidus

エグリトビケラのなかまは池や湖の周辺で繁殖する。メスは、水場の上に茂る葉に卵を産みつける。卵はゼリーのような物質でおおわれ、しばらく葉にくっついたままでいる。時期が来ると水の中に落ちてふ化する。幼虫は枯れ葉を使って巣をつくる。

休むときははねを体の近くに寄せる。逆V字形になる
長い触角

体　長　1.6～1.7cm
食べ物　幼虫は植物。成虫は食べないとされている
生息場所　池、湖、川のよどみ
分　布　ヨーロッパ

ヒゲナガカワトビケラのなかま
Philopotamus montanus

トビケラ類の幼虫はよごれた水では生きていけないので、きれいな水の指標になる。

幼虫は口から出した糸と、砂やじゃりや植物を使って水中で巣あみをつくる。岩の下側にあみを固定させ、ひっかかった植物のかけらや藻類を食べて成長する。

体　長　1.1 ~ 1.3cm
食べ物　幼虫は植物や藻類。成虫は食べないとされている
生息場所　流れの速い岩底の川
分　布　ヨーロッパ

トビケラのなかま
Phryganea grandis

イギリスで一番大きなトビケラのなかま。メスはオスよりも小さく、前ばねに濃い色のしま模様がある。

体　長　3cm
食べ物　幼虫は植物、ほかの昆虫、小さな魚、腐敗した有機物。成虫は食べないとされている
生息場所　雑草の多い湖
分　布　ヨーロッパ

シマトビケラのなかま
Hydropsyche contubernalis

ヒゲナガカワトビケラのなかまの幼虫と同じように水中にあみをつくる。あみには幼虫を守る役目と水中の細かい食べ物をとる役目がある。

体　長　1.4cm
食べ物　幼虫は植物と藻類。成虫は食べないとされている
生息場所　小川、川
分　布　極地以外の世界中

ガ類とチョウ類

合わせて16万5000種のガとチョウはチョウ目のなかまです。体とはねは色のついた小さなりん粉でびっしりおおわれています。

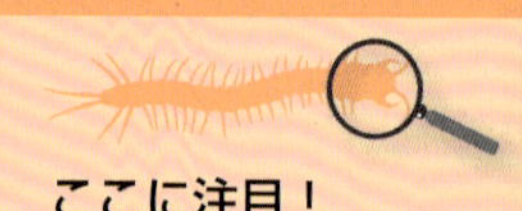

ここに注目！
ちがい
ガはくすんだ色で夜に飛ぶ。チョウは色鮮やかで昼間飛ぶ。

ヒトリガ
Arctia caja

休むときはたいてい前ばねの下に後ろばねを隠す。敵が近づくと鮮やかな後ろばねをさっと見せて飛び去るので相手は驚いて逃げていく。

体　長　5～7.5cm（翼開長）
食べ物　幼虫は丈の低い植物、低木。成虫は花みつ
生息場所　森林、公園、庭
分　布　ヨーロッパ、北アメリカ、アジア

◀ ガの多くは鳥の羽根のような形の大きな触角をもつ。写真は北アメリカに生息するセクロピアサン。

◀ チョウは先端がこん棒のような太い触角をもつ。写真はアゲハチョウ。

ツトガのなかま

Vitessa suradeva

近い種類のガと比べると色が明るい。目立つ模様のはねとはでなオレンジ色の尾の先は、おいしくないことを捕食者に知らせる印。

体　長　4～5cm（翼開長）
食べ物　幼虫は有毒な低木の葉。成虫は食べない
生息場所　熱帯雨林
分　布　インド、東南アジア、ニューギニア

カイコガ

Bombyx mori

チョウとガの幼虫は青虫やいも虫、毛虫とよばれることもある。カイコガがさなぎになるときにはだ液腺から分泌する絹糸でまゆをつくり体をおおう。まゆは絹製品の原料となる。数千年前から家畜化され、現在では野生にはいない。

体　長　4～6cm（翼開長）
食べ物　トウグワの葉
生息場所　飼育されている。野生にはいない
分　布　中国。世界中（外来種）

ナンベイオオヤガ
Thysania agrippina

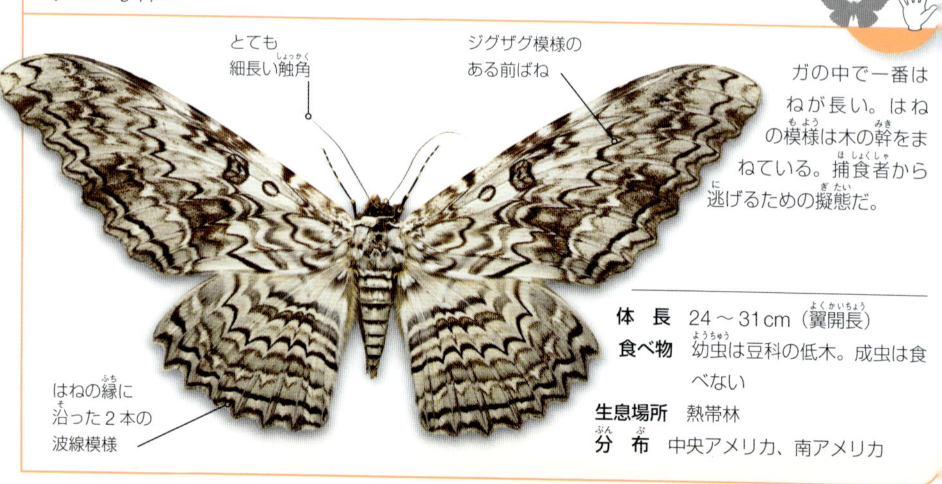

ガの中で一番はねが長い。はねの模様は木の幹をまねている。捕食者から逃げるための擬態だ。

体　長　24～31cm（翼開長）
食べ物　幼虫は豆科の低木。成虫は食べない
生息場所　熱帯林
分　布　中央アメリカ、南アメリカ

ベニトラシャク
Dysphania cuprina

鮮やかなオレンジ色と黒色のはねは食べてもおいしくないことを鳥に知らせている。日中はマダラチョウなど似たような色のチョウといっしょに飛んで捕食者を避ける。

体　長　7～7.5cm（翼開長）
食べ物　低木、香草
生息場所　森林
分　布　東南アジア

ギンバネエダシャク
Thalaina clara

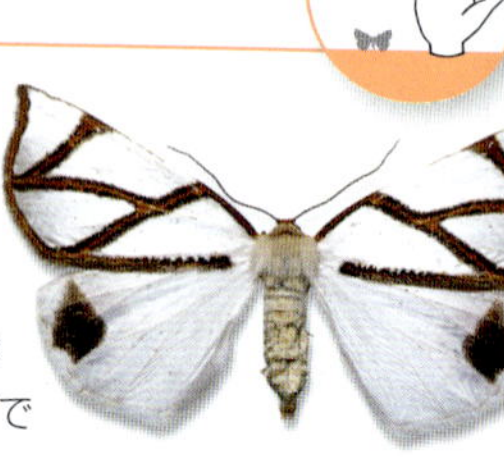

白いはねにはサテンのような光沢がある。幼虫は緑色で、体節の境目の色は少し薄い。幼虫は色と体の形のおかげでうまく葉にまぎれる。

体　長　4～5cm（翼開長）
食べ物　幼虫はアカシアの葉。成虫は食べない
生息場所　温帯林
分　布　オーストラリア、タスマニア北部

アメリカオオミズアオ

Actias luna

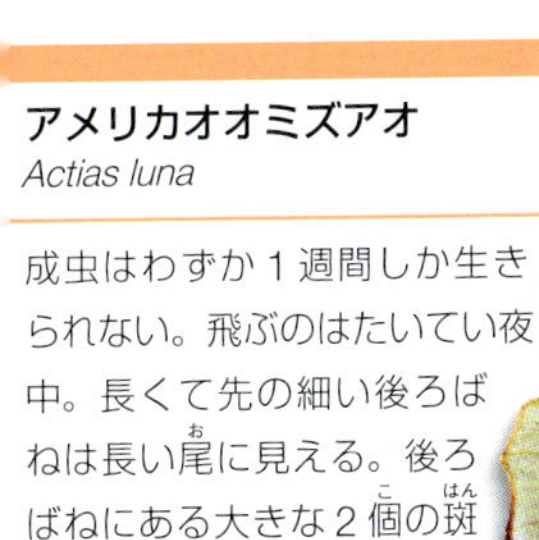

成虫はわずか１週間しか生きられない。飛ぶのはたいてい夜中。長くて先の細い後ろばねは長い尾に見える。後ろばねにある大きな２個の斑点を見た捕食者は大きな目をしたもっと大きな生き物とまちがう。

やわらかい羽毛のような触角

毛のたくさん生えた、ふっくらした体

体　長　7 ～ 11cm（翼開長）

食べ物　幼虫はさまざまな落葉樹。成虫は食べない

生息場所　熱帯林、亜熱帯林

分　布　北アメリカ

イボタガ

Brahmaea wallichii

前ばねのつけ根近くにある大きな斑点はフクロウの目に似る。成虫は日中、木の幹や地面の上で休む。くすんだ茶色のはねは木の幹や土とうまくまぎれる。

体　長　10 ～ 16cm（翼開長）

食べ物　幼虫は木や低木の茂みの葉。成虫は食べない

生息場所　熱帯林、温帯林

分　布　インド北部、中国、日本

幼虫の頭と尾からは伸び縮みする奇妙な突起が突き出る。

トリバガのなかま
Pterophorus pentadactyla

鳥の細かい羽根のように分かれたはねが独特だ。はねを横に広げて休んでいるとよく見える。

体　長　2.5～3cm（翼開長）
食べ物　幼虫はヒロハヒルガオ。成虫は花みつ
生息場所　乾いた草地、空き地、庭
分　布　ヨーロッパ

ベニスズメ
Deilephila elpenor

スカシバのなかま
Sesia apiformis

黄色と黒色のしま模様の体、透明なはね、先のとがった腹部は針をもつスズメバチにそっくりだ。捕食者は針を恐れて逃げていく。

体　長　3～4.5cm（翼開長）
食べ物　幼虫はヤナギやポプラの幹に穴を掘る。成虫は食べない
生息場所　温帯林
分　布　ヨーロッパ、アジア

ムツモンベニマダラ
Zygaena filipendulae

6～8月の暑い日によく飛んでいる。飛んでいると斑点がはっきり見え、毒をもっていることが捕食者には一目でわかる。

体　長　2.5～3.8cm（翼開長）
食べ物　幼虫はミヤコグサ、クローバー。成虫は花みつ
生息場所　牧草地、森林
分　布　ヨーロッパ、アジア

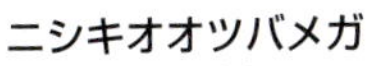

とても速く飛ぶ。はなやかな色の成虫は初夏によく見られる。幼虫の体には目のような模様がある。首の後ろを伸ばすと目の模様がはっきりし、その姿はゾウの鼻のように見える。

体　長　5.5～6cm（翼開長）
食べ物　幼虫はヤエムグラ、アカバナ。成虫は花みつ
生息場所　温帯の低地
分　布　ヨーロッパ、アジア

ニシキオオツバメガ

Chrysiridia rhipheus

19世紀のイギリスでは色鮮やかなはねが宝飾品に使われた。

あまりにもきれいな色のため、発見されたときはチョウとまちがわれた。幼虫は毒をもつ低木を食べるが毒の影響はない。

体　長　7.5～9.5cm（翼開長）
食べ物　トウダイグサの低木
生息場所　森林
分　布　マダガスカル

コノハチョウ

Kallima inachus

表側（背中側）のはねは明るい色だが、はねをたたんでとまっているときはくすんだ茶色で枯れ葉のような裏側しか見えない。このため捕食者に枯れ葉とまちがわれ、よく命拾いをする。

体　長　9～12cm（翼開長）
食べ物　幼虫は植物。成虫は腐敗した果実の汁
生息場所　熱帯林
分　布　東南アジア、インドと日本の間

オオカバマダラ
Danaus plexippus

長い距離を移動すること（渡り）でよく知られる。中には夏の終わりにカナダからメキシコまで約4500km移動し、春になると北にもどる集団もいる。

体　長　7.5〜10cm（翼開長）
食べ物　幼虫はトウワタ。成虫は花みつ
生息場所　原野、牧草地、庭
分　布　北アメリカ、ニュージーランド、オーストラリア、カナリア諸島、太平洋諸島

シロオビフクロウチョウ
Caligo idomeneus

後ろばねの下の方に大きな斑点がある。捕食者は目とまちがえ、こわくなって逃げていく。

体　長　12〜15cm（翼開長）
食べ物　幼虫はバナナの葉
生息場所　熱帯林
分　布　南アメリカ

ペレイデスモルフォ
Morpho peleides

はねの表側に無数についている細かいりん粉が太陽の光を反射して輝く青色に見える。はねの裏側は茶色で、まわりの景色にとけこむため捕食者からはほとんど見えない。羽ばたきすると青色と茶色が交互に現れる。飛んでいるチョウが現れたり消えたりして見えるので、捕食者は混乱してしまう。

体　長　9.5〜15cm（翼開長）
食べ物　幼虫は植物。成虫は腐敗した果実の汁
生息場所　熱帯林
分　布　中央アメリカ、南アメリカ

アオスソビキアゲハ
Lamproptera meges

飛びながら大きく羽ばたきして向きを変えたり、一か所で空中停止したりする。尾が長く、速く飛ぶ姿はトンボに似ている。

体　長　4～5cm（翼開長）
食べ物　幼虫は葉。成虫は花みつ
生息場所　熱帯林
分　布　南アジア、東南アジア

スカシタイスアゲハ
Zerynthia rumina

ジグザグ模様のはねを
見せ捕食者を追いはらう

アレキサンドラトリバネアゲハ
Ornithoptera alexandrae

メスのはねの方が広い

トリバネアゲハのなかまはどれも大きいが、アレキサンドラトリバネアゲハは世界一大きなチョウ。絶滅の危機にある。メスはオスよりも大きく、はねは茶色と黄色が混じる。明るい青色と緑色のはねをもつのはオスだけ。

体　長　20～31cm（翼開長）
食べ物　幼虫は葉。成虫は花みつ
生息場所　熱帯林
分　布　パプアニューギニア南東部オロ州の森

幼虫は頭の後ろの器官から不快な液体を出して捕食者を追いはらう。成虫も目立つ色で攻撃者の目をくらませるため、相手はどこを攻撃したらよいかわからなくなり去っていく。

体　長　4.5～5cm（翼開長）
食べ物　幼虫はウマノスズクサ。成虫は花みつ
生息場所　低木地帯、牧草地
分　布　フランス南東部、スペイン、ポルトガル、アフリカ北部

ベニヤマキチョウ
Gonepteryx cleopatra

緑色の幼虫が黄色の成虫に変わる。メスはわらのような黄色、オスは黄色とオレンジ色の混じった明るい色。

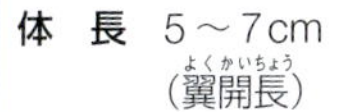

体　長　5～7cm（翼開長）
食べ物　幼虫はクロウメモドキ。成虫はヤグルマギクとアザミの花みつ
生息場所　開けた林、低木地帯
分　布　ヨーロッパ南部、アフリカ北部、トルコ

エゾシロチョウ
Aporia crataegi

白いはねに黒色の脈があるので見分けやすい。オスよりもメスのはねの方が透明。

体　長　5.5～7.5cm（翼開長）
食べ物　幼虫はスピノサスモモ、サンザシ。成虫は花みつ
生息場所　果樹園、低木地帯
分　布　ヨーロッパ、アフリカ北部、アジア

ベニオビコバネシロチョウ
Dismorphia amphione

森の縁で飛んでいる姿をよく見かける。黒色とオレンジ色のはねの模様はまずい味のするチョウの擬態。

体　長　4～4.5cm（翼開長）
食べ物　幼虫は植物。成虫は花みつ
生息場所　熱帯林
分　布　メキシコ南部、カリブ海、南アメリカ北部

ウラミドリシジミ
Evenus coronata

はねの黒い縁取りはメスの方が濃い。はねの青色もメスの方が明るい。メスの後ろばねにだけ赤色の斑がある。

体　長　4.5〜6cm（翼開長）
食べ物　幼虫は植物、小さな昆虫。成虫は花みつ
生息場所　熱帯林
分　布　南アメリカ

セイヨウシジミタテハ
Hamearis lucina

オスとメスのちがいはわかりやすい。歩くあしがメスは6本、オスは4本しかない。オスはとても攻撃的。オスどうしでなわばりをめぐって争う。

体　長　3〜4cm（翼開長）
食べ物　キバナノクリンザクラ、サクラソウ
生息場所　花の咲く牧草地、草地、森林
分　布　ヨーロッパ中部

アカモンジョウザンシジミ
Philotes sonorensis

はねのりん粉が日光を複雑(ふくざつ)な方法で反射(はんしゃ)するため金属(きんぞく)のような青色に光る

はなやかな色のはねをもつ。冬から春にかけて活発になり、シエラネバダ山脈の渓谷(けいこく)をよく飛んでいる。アカモンジョウザンシジミのように表側のはねにオレンジ色の斑(はん)がある青色のチョウはめずらしい。

体　長　2～2.5cm（翼開長(よくかいちょう)）
食べ物　マンネングサ
生息場所　岩だらけの崖(がけ)、砂漠(さばく)の小川
分(ぶん)　布(ぷ)　アメリカ合衆国(がっしゅうこく)南西部

ヨナクニサンのまゆは
とても大きく、台湾では
さいふとして使われる

ヨナクニサン　世界でもっとも巨大なガの一種。オスの触角は幅が広く、やわらかいくしのようだ。触角にある特別な受容体でオスはメスの出すフェロモン（におい物質）を感じとる。数キロメートル離れていてもかぎわける。

ハバチ類、スズメバチ類、ミツバチ類、アリ類

ハバチ、スズメバチ、ミツバチ、アリのなかまはハチ目に含まれます。合わせて約 15 万種がいます。ミツバチとアリのほとんどが集団で社会をつくり生活しています。

モミノオオキバチ

Urocerus gigas

腹部の先に角状の突起がある。針のように見えるが毒はない。メスは先のとがった長い産卵管でマツの木に穴をあけ、卵を産みつける。

体　長　3.5 ～ 4 cm
食べ物　菌類、木
生息場所　落葉樹、針葉樹、温帯林
分　布　ヨーロッパ、アジア、アフリカ北部、北アメリカ

ここに注目！ セイヨウミツバチ

セイヨウミツバチの社会はオスバチ、メスのはたらきバチ、女王バチの階層に分かれる。

▲ オスは女王バチと交尾する。1 個の巣に数百匹のオスバチがいる。

▲ はたらきバチは産卵しないメスのハチ。巣をつくり、みつを集める。1 個の巣に 8 万匹のはたらきバチがいることもある。

▲ 一つのコロニーで女王バチになるメスは 1 匹だけ。女王バチは数匹のオスバチと交尾し 1 日に 2000 個もの卵を産む。

タマバチのなかま
Biorhiza pallida

メスはオークの木の葉芽に卵を産みつける。ふ化した幼虫は木の中に化学物質を放出して、自分のまわりに虫こぶ（木の組織のかたいかたまり）をつくらせる。幼虫は虫こぶに守られ、虫こぶを食べて成長する。

体　長　5～6.5mm
食べ物　幼虫は虫こぶの組織。成虫は食べないとされている
生息場所　オーク
分　布　ヨーロッパ、アジア

クキバチ
Cephus nigrinus

作物に深刻な被害をあたえる害虫。メスはノコギリのような産卵管で茎を切りつけ、切り口に卵を産む。ふ化した幼虫は茎を食べながら下に向かって掘り進む。

体　長　7～9mm
食べ物　草の茎
生息場所　放牧地、牧草地、農場
分　布　ヨーロッパ西部

ヒラタハバチのなかま
Acantholyda erythrocephala

メスは葉の上に卵を産む。ふ化した幼虫は葉を食べ、葉を筒状に巻く作用のある化学物質をつくる。しばらくすると巻いた葉の中で生活する。

体　長　7～9mm
食べ物　葉
生息場所　温帯林
分　布　ヨーロッパ、アジア、カナダ

ツヤアリバチのなかま
Methoca ichneumonides

コガネムシやカミキリ、ハンミョウといった甲虫の地面をはう幼虫を狩る。まず針を刺してまひさせてから卵を1個産みつける。ふ化した幼虫は甲虫の幼虫を食べて成長する。

体　長　9～11mm
食べ物　幼虫は甲虫の幼虫に寄生する。成虫は花みつ
生息場所　砂地
分　布　ヨーロッパ

コマユバチのなかま
Bathyaulax sp.

チョウやガ、甲虫、ハエの幼虫に卵を産みつける。ふ化した幼虫は宿主を食べ、ほとんどがそのまま宿主の中でさなぎになる。

体　長　3～10mm
食べ物　幼虫はチョウ、ガ、甲虫、ハエの幼虫の捕食寄生者。成虫は花みつ
生息場所　森林、草地
分　布　アフリカ、東南アジア

モンスズメバチ
Vespa crabro

社会性昆虫。はたらきバチ、オスバチ、女王バチの3種類でコロニーをつくり生活する。はたらきバチは数百匹しかいない。木のうろに巣をつくる。

体　長　2.5～3.5cm
食べ物　ほかの昆虫、落下した果実、腐肉
生息場所　森林
分　布　ヨーロッパ、アジア

セイボウのなかま
Stilbum splendidum

緑色の金属のような輝きはエメラルドに似る。体の表面がとてもかたく、ミツバチやスズメバチの針でも刺さらない。

体　長　1.8～2cm
食べ物　幼虫は、単独で泥の巣をつくる狩りバチの幼虫の捕食寄生者。成虫は花みつ
生息場所　森林、草地、砂漠
分　布　オーストラリア北部

シロフオナガヒメバチ
Rhyssa persuasoria

マツの林でよく見かける。丸太や木の幹に産卵管で穴をあけ、中にいるモミノオオキバチや甲虫の幼虫に卵を産みつける。ふ化した幼虫は宿主を食べる。

体　長　3.6～4cm
食べ物　幼虫はモミノオオキバチや甲虫の幼虫の捕食寄生者。成虫は不明
生息場所　温帯林
分　布　北半球

メスの
産卵管の長さは
4cm

オオベッコウバチ
Pepsis heros

オオツチグモをつかまえて食べる。メスはオオツチグモに針を刺しまひさせ、巣までひっぱりこんでうめてからクモの腹部に卵を産みつける。ふ化した幼虫はクモを食べる。

体　長　7～8cm
食べ物　オオツチグモ
生息場所　熱帯地域、亜熱帯地域
分　布　南アメリカ

ツチバチのなかま
Scolia procer

オスはメスよりもかなり小さい。メスはカブトムシの幼虫に針を刺し、まひさせてから卵を産みつける。ふ化した幼虫はカブトムシの幼虫を食べる。

毛深い
後ろあし

体　長　4.5～5.5cm
食べ物　幼虫はカブトムシの幼虫の捕食寄生者。成虫は花みつ
生息場所　熱帯地域
分　布　ジャワ、ボルネオ、スマトラ

マルハナバチのなかま
Bombus terrestris

土の中に小さな巣をつくる社会性昆虫。はたらきバチ、オスバチ、卵を産む女王バチでコロニーをつくる。体が毛でびっしりおおわれ、いつも温かいため寒い地域でも生きていける。

体　長　2.3～2.5cm
食べ物　花粉、花みつ
生息場所　温帯地域
分　布　極地とサハラ砂漠より南以外の世界中

ミドリシタバチのなかま
Euglossa asarophora

オスは後ろあしのブラシのような部分でランの油成分を集める。ランの油成分と、あしにある特別な脂肪とを混ぜ合わせた香りで交尾相手を引きつける。

体　長　1.2～1.4cm
食べ物　花粉、花みつ
生息場所　熱帯雨林
分　布　パナマ、コスタリカ

セイヨウミツバチ
Apis mellifera

アジア原産だが現在では世界中で飼育（養蜂）されている。最初に飼われたのは今から4500年以上前の古代エジプト。以来、ミツバチの生産するはちみつやみつろうなどが世界中で利用されている。

体　長　1.2～1.8cm
食べ物　花粉、花みつ
生息場所　森林、山地、草地、都市部
分　布　極地以外の世界中

クマバチのなかま
Xylocopa latipes

世界一大きなミツバチ。大きいが、まったく害がない。あごで木をかんで穴をあけたり、甲虫のつくった穴を深くしたりして木の中に巣をつくる。

体　長　3.3～3.6cm
食べ物　花粉、花みつ
生息場所　森林、草地
分　布　東南アジア

モンハナバチ
Anthidium manicatum

ミントの綿毛を毛羽立たせている姿がよく見られる。こそげとった綿毛を丸めて並べ巣をつくる。

体　長　1cm
食べ物　花粉、花みつ
生息場所　庭、牧草地、野原
分　布　ヨーロッパ

コハナバチのなかま
Halictus quadricinctus

たくさんの野草に授粉する。哺乳類の汗を食べて水分やミネラル類を補給することもある。

体　長　1.3～1.5cm
食べ物　花粉、花みつ、哺乳類の汗
生息場所　温帯地域
分　布　ヨーロッパ南部、地中海

ムカシハナバチのなかま
Colletes daviesanus

土の中やレンガの壁のしっくい部分に穴を掘って育房をつくる。腹部から特別な物質を出して育房の壁をおおう。乾いた壁は内張りをされた状態になり水がしみこまない。

体　長　1.1～1.3cm
食べ物　花粉、花みつ
生息場所　温帯の森林や草地
分　布　北半球

ヨーロッパアカヤマアリ
Formica rufa

とても攻撃的な性質のアリ。敵が近づくと腹部から毒性の強いギ酸を吹きかけて追いはらう。巣に侵入者があると大群をつくっておそいかかる。

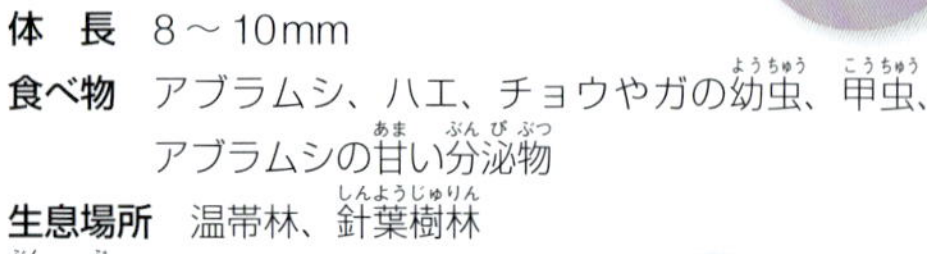

体　長　8～10mm
食べ物　アブラムシ、ハエ、チョウやガの幼虫、甲虫、アブラムシの甘い分泌物
生息場所　温帯林、針葉樹林
分　布　ヨーロッパ、アジア

アブラムシのあとをつけ回す。お目当てはアブラムシの出す甘い分泌物。お返しにアブラムシを敵から守る。

バーチェルグンタイアリ
Eciton burchellii

群れをつくってあちこち移動する。70万匹からなるコロニーで細長い隊列をつくりジャングルを動くようすは軍隊そのもの。食べ物のある場所を見つけると、自分たちの体で一時的に巣をつくる。枝や岩にあしを引っかけ、あしとあしをからめながら巣を大きくしていく。

体　長　4～12mm
食べ物　昆虫などの節足動物
生息場所　熱帯雨林
分　布　中央アメリカ、南アメリカ

サスライアリのなかま
Dorylus nigricans

数百万匹からなるコロニーをつくる捕食性のアリ。コロニーの大きさは社会性昆虫の中でも最大級。大きな群れをつくって巣から現れるとゾウでも恐れをなして逃げていく。

体　長　1.5cm
食べ物　昆虫、小さな動物
生息場所　熱帯雨林、サバンナ
分　布　西アフリカ、コンゴ

ハキリアリのなかま
Atta laevigata

強力な大あごで葉を細かく切り、地下の巨大な巣まで持ち帰る。巣ではかんだ葉を肥料にして菌類を育てる。

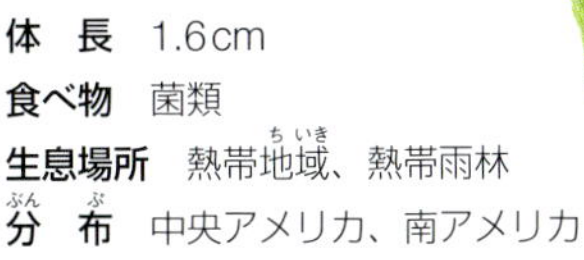

体　長　1.6cm
食べ物　菌類
生息場所　熱帯地域、熱帯雨林
分　布　中央アメリカ、南アメリカ

ブルドッグアリのなかま
Myrmecia sp.

1匹で狩りをする。目が大きく、細長い大あごのかむ力は強い。えものをつかまえると巣まで運び幼虫にあたえる。

体　長　2.1cm
食べ物　アブラムシの出す分泌物、花みつ、種子、果実、小さな昆虫
生息場所　都市部、森林、荒れ地
分　布　オーストラリア

トックリバチはえものを生きたまま巣まで運び幼虫にあたえる。写真の青虫は針を刺されてまひしているが、死んではいない

トックリバチ　水たまりや川岸から泥を集め、幼虫用に特別な部屋をつくる。泥をこねて、岩や木に小さな壷が突き刺さっているような形に仕上げる。ネイティブアメリカンはトックリバチの巣にそっくりな壷をつくる。

クモ形類 くもがたるい

節足動物の中のクモ形類には動物を食べるクモやサソリだけでなく、腐肉を食べるダニや血液を吸うマダニも含まれます。クモ形類は陸上を中心に世界中のさまざまな場所で生息しています。クモはえものをつかまえるために糸で巣をかける、めずらしい習性をもっています。左の写真は腹部にとげのあるコガネグモ。巣にぶら下がって、飛んでくる昆虫をじっと待っているところです。

サソリの針
サソリ全1500種類の中で人間に対して毒をもつのは約25種類だけ。尾の先の針で毒を注入する。

クモ形類とは？ くもがたるいとは？

クモ形類には目で見えないほどの小さなダニや毛むくじゃらのオオツチグモなどさまざまな大きさのなかまがいます。昆虫類とちがい体節は頭胸部と腹部の二つだけ。触角はありません。

第一歩脚

鋏角

体のつくり

頭胸部には六対の付属肢（一対の鋏角と触肢、四対の歩脚）がついている。鋏角の先端に牙があり、ここから毒を注入することもある。爪のような触肢でえものを食べるクモもいる。クモの腹部には絹糸腺があり尾まで伸びている。

頭胸部

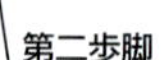

第二歩脚

おびき寄せる方法

ほとんどのクモ形類はえものにおそいかかるが、中にはえものをおびき寄せておそうものもいる。ナゲナワグモは、ガが交尾中に放つ物質と似た香りの化合物をつくる。香りに誘われ飛んできたガに、べたべたする糸を投げ空中でつかまえる。

あしの**長い毛**で空気の動きを感じとる

第三歩脚

メキシコオオツチグモのなかま

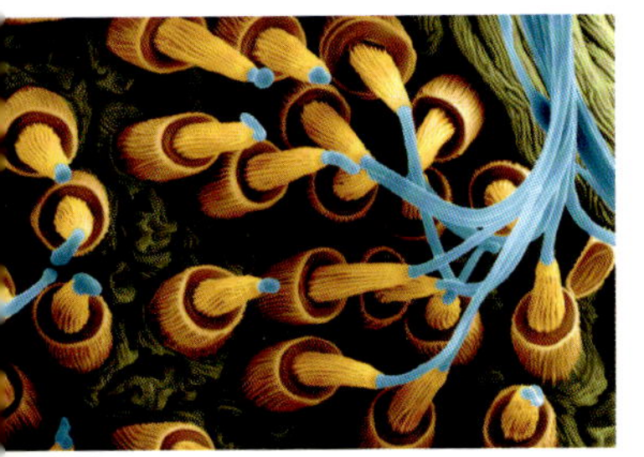

クモの糸

クモは糸を出してえものをつかまえたり、卵を守るまゆをつくったり、巣を張ったりする。腹部の絹糸腺でつくられた粘液状の糸を、糸イボとよばれるたくさんの管状の突起から体の外に出す。後ろあしでひっぱり出していくと、粘液はだんだん濃くなりしなやかで強い糸となる。

守り

捕食者が近づくと、多くのクモ形類はまず相手をいかくする。シドニージョウゴグモは後ろあしで立ち上がり、前あしと鋏角を前に向けて敵を追いはらう。

えものをおそう

クモ形類のえもののつかまえ方は糸をからめるだけではない。アカサソリのなかまは爪のような触肢で小さな昆虫をつかむ。自分よりも大きなえものをしとめるときは毒針を使う。

サソリ類

どのサソリにもはっきりわかる特徴が二つあります。一対の触肢（口の近くにある大きくて爪のような器官）と針のついた尾です。サソリは夜に行動し、えものにふれて存在を感じとりおそいかかります。1500種のサソリはサソリ目に含まれます。

セスジサソリ

Buthus occitanus

サソリは毒でえものをしとめ、また自分も守る。セスジサソリは小さな動物におそわれると、とても強い毒を注入して相手の心臓や肺をまひさせる。

体　長　3～4cm
食べ物　昆虫
生息場所　低木地帯
分　布　アフリカ北部、地中海地域、西アジア

ヒラタサソリのなかま

Centromachetes pococki

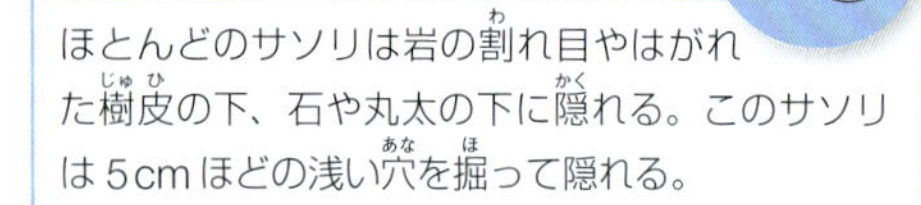

ほとんどのサソリは岩の割れ目やはがれた樹皮の下、石や丸太の下に隠れる。このサソリは5cmほどの浅い穴を掘って隠れる。

体　長　10cm
食べ物　昆虫
生息場所　温帯林
分　布　南アメリカ

イエローシックテールスコーピオン
Androctonus amoreuxi

体はそれほど大きくないが神経毒をもち、人間を含む哺乳類の神経系に深刻な影響をあたえる。死をもたらすこともある。

体　長　7～10cm
食べ物　昆虫
生息場所　砂漠、低木地帯
分　布　サハラ砂漠、中東

フラットロックスコーピオン
Hadogenes troglodytes

幅広で平らな腹部、細長いあし、細い尾のおかげで岩の狭い割れ目に入りこむことができる。ほとんどの時間を岩の割れ目で隠れたり、狩りをしたりしてすごす。

体　長　10～18cm
食べ物　ほかのサソリ、クモ、昆虫
生息場所　低木地帯の岩石の割れ目
分　布　ナミビア、南アフリカ

ダイオウサソリ
Pandinus imperator

尾とハサミは感覚毛でおおわれている。空中や地上にいるえものの振動を感覚毛で感じとっておそいかかる。

交尾の前にオスはメスのハサミをもって動き回る。その姿は踊っているように見える。

体　長　15～25cm
食べ物　トカゲ、昆虫、クモ
生息場所　熱帯雨林、サバンナ
分　布　アフリカ中西部

サソリ　多くのサソリは背中に20～25匹の子をのせている(写真はデザートスコーピオン)。子は母親の食べ残しを食べる。子の外骨格はやわらかく傷つきやすい。自分で自分を守れるくらいに成長すると離れていく。

デザートスコーピオンは
背と針をこすり合わせ
「シューシュー」と
いういかく音を
出して敵を追いはらう

マダニ類とダニ類

ダニ目に含まれるマダニとダニのなかまは4万8200種以上います。おもに陸上にすみ、腐肉を食べる種、作物の害虫種、哺乳類や鳥類やは虫類の血を吸う寄生種など実にさまざまな種類がいます。

アシブトコナダニ
Acarus siro

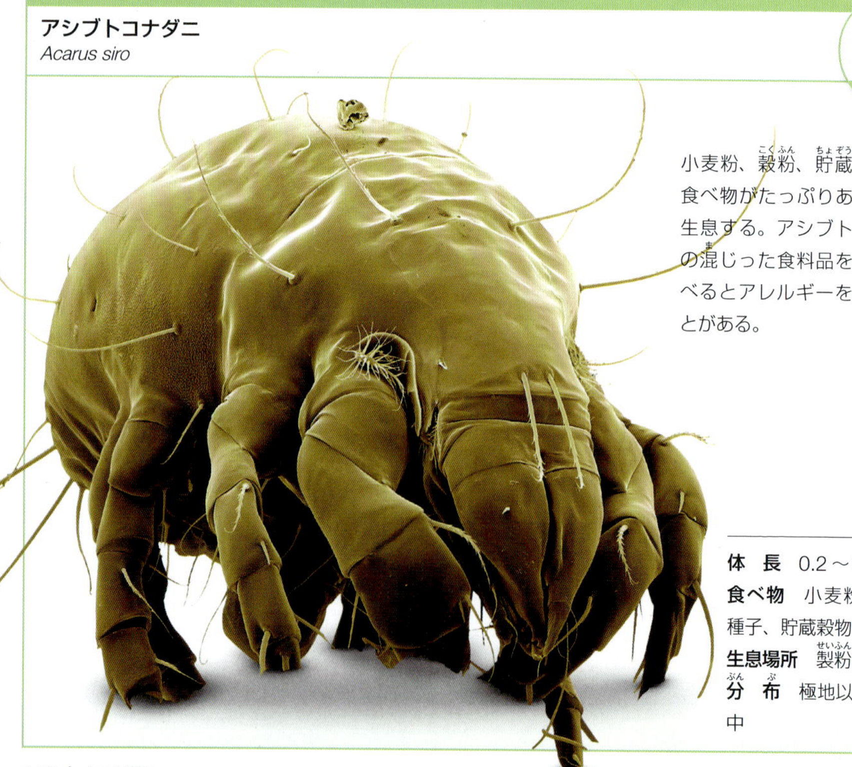

小麦粉、穀粉、貯蔵穀物など食べ物がたっぷりある場所に生息する。アシブトコナダニの混じった食料品を人間が食べるとアレルギーを起こすことがある。

体　長　0.2～0.5mm
食べ物　小麦粉、穀粉、種子、貯蔵穀物、草
生息場所　製粉機、倉庫
分　布　極地以外の世界中

ミツバチヘギイタダニ

Varroa cerana

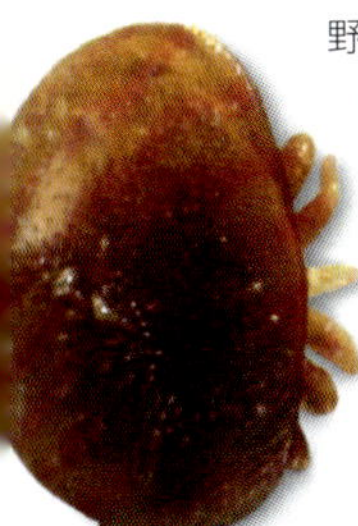

野生のミツバチ、飼育されているミツバチの両方に寄生する。幼虫は巣にいるミツバチの幼虫の体液を吸う。成虫はミツバチにくっついて別の巣に広がる。

体　長　1～2mm
食べ物　ミツバチの幼虫や成虫の体液
生息場所　ミツバチ
分　布　極地以外の世界中

アカケダニ

Trombidium holosericeum

ベルベットのような「毛」がびっしり体をおおう。幼虫時代は寄生者としてほかの節足動物を食べるが、成虫になると昆虫の卵を捕食する。

体　長　3～5mm
食べ物　幼虫はほかの節足動物。成虫は昆虫の卵
生息場所　温帯地域
分　布　ヨーロッパ、アジア

キララマダニのなかま

Amblyomma americanum

いろいろな種類の動物に寄生する。腹部はやわらかく柔軟性があるので、宿主の血液を大量に吸って大きくふくらむ。だ液は宿主動物の皮ふに赤みと刺激をもたらし、病気を広めることもある。

白い斑

体　長　1～12mm
食べ物　哺乳類や鳥類の血液
生息場所　森林、低木地帯
分　布　アメリカ合衆国、メキシコ

ツツガムシのなかま
Neotrombicula autumnalis

丈の低い植物に卵を産む。ふ化した幼虫はそばを通りかかった動物の皮ふに付着し、皮ふをとかして栄養分を吸う。

体　長　2mm
食べ物　幼虫は動物の皮ふ組織。成虫は小さな無脊椎動物
生息場所　森林、海岸地帯
分　布　極地以外の世界中

ナミハダニ
Tetranychus urticae

口の形は植物の汁を吸うのに適している。吸ったあとの葉には白っぽい斑が残る。植物に病気を広めることもある。

体　長　0.5mm
食べ物　植物の汁
生息場所　温帯地域
分　布　極地以外の世界中

ケダニのなかま
Eutrombidium sp.

メスはまとめて4000個以下の卵を産むことがある。ふ化したばかりの幼虫はほかの昆虫にくっつく。1～2日間、体液を吸うと昆虫から落ちて地面に穴を掘る。

体　長　0.5～5mm
食べ物　幼虫は昆虫の体液。成虫は昆虫と昆虫の卵
生息場所　低木地帯、落葉樹林、森林
分　布　極地以外の世界中

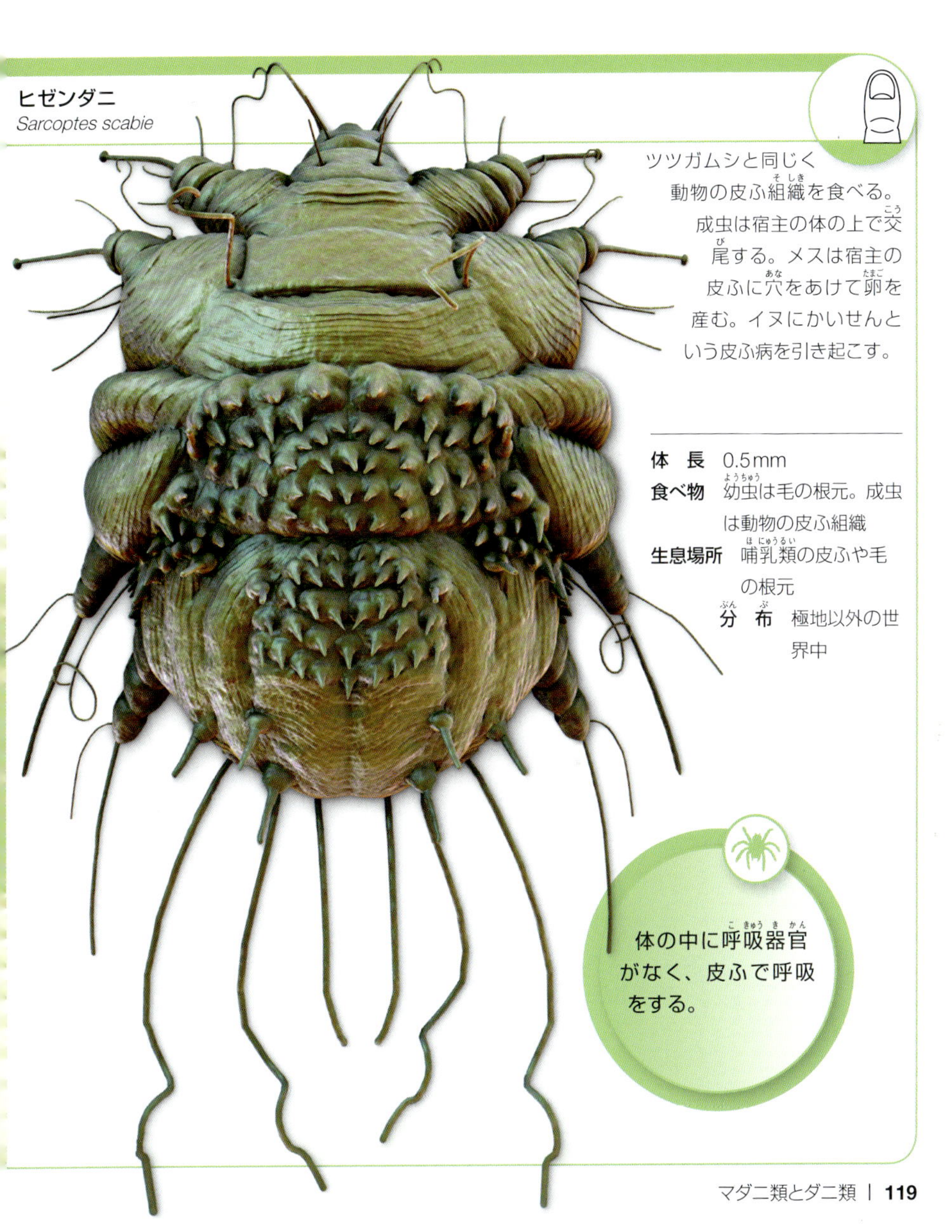

ヒゼンダニ

Sarcoptes scabie

ツツガムシと同じく動物の皮ふ組織を食べる。成虫は宿主の体の上で交尾する。メスは宿主の皮ふに穴をあけて卵を産む。イヌにかいせんという皮ふ病を引き起こす。

体　長　0.5mm
食べ物　幼虫は毛の根元。成虫は動物の皮ふ組織
生息場所　哺乳類の皮ふや毛の根元
分　布　極地以外の世界中

体の中に呼吸器官がなく、皮ふで呼吸をする。

ここに注目！

わ　な

あみを張ってえものをつかまえるクモと狩りをするクモがいる。

▲ゴミグモは粘性のあるあみを張り、飛んでいる昆虫をつかまえる。

▲メダマグモはあしとあしの間に張った四角いあみで、近づいた昆虫をつかまえる。

▲トタテグモは穴を掘ってふたをかぶせる。えものが上を通ると飛び出して穴の中に引きずりこむ。

クモ類

クモ目には4万2000種以上のクモが含まれます。クモは捕食者です。多くが8個の目をもっています。口（鋏角）の先には牙があり、毒を注入するために使います。

トゲグモのなかま

Gasteracantha cancriformis

メスは、中心から外に向かって粘性のある糸を張り丸いあみをつくる。求愛期間中のオスはメスの気を引くために糸をひっぱる。

体　長　メスは5～9mm、オスは2～3mm

食べ物　昆虫

生息場所　森林の縁、低木

分　布　アメリカ合衆国南部、カリブ海諸島

サンロウドヨウグモ
Meta menardi

腹部の下に大きな袋をつけている。袋の中身は数百個の黄色い卵。薄暗い安全な場所を見つけるとすみに袋をぶら下げ、ふ化するまで守り続ける。

体　長　1.2cm
食べ物　昆虫、ダンゴムシ、ワラジムシ
生息場所　洞くつ、トンネル
分　布　ヨーロッパ

ユカタヤマシログモ
Scytodes thoracica

動きが遅く、めずらしい方法でえものをつかまえる。鋏角から毒を含む粘液を2筋吹き出す。えものが毒でまひして動けなくなっているところを食べる。

体　長　3～6mm
食べ物　昆虫
生息場所　温帯地域
分　布　北アメリカ、ヨーロッパ、アフリカ北部、アジア北部、オーストラリア、太平洋諸島の一部

イノシシグモ
Dysdera crocata

湿った場所で生活し、日中は石の下に張ったあみの中に隠れ、夜になると出てくる。ダンゴムシやワラジムシのからを鋭い牙でさっと切りつけ食べる。

体　長　1～1.2cm
食べ物　ダンゴムシ、ワラジムシ
生息場所　木、庭
分　布　ヨーロッパ

イエユウレイグモ

Pholcus phalangioides

メスはあごで卵をくわえたまま活動する。

不規則にからまったあみをつくる。えものをすばやくあみでくるんでからかみつく。天井のすみによくあみを張る。敵が近づくとあみをゆすって自分の姿をはっきり見えないようにして、相手から逃れる。

体　長　7～10mm
食べ物　昆虫、ほかのクモ
生息場所　熱帯や温帯地域の洞くつや人家
分　布　極地以外の世界中

メキシコオオツチグモのなかま

Brachypelma smithi

毛むくじゃらで体は大きく、小型の哺乳類やは虫類をおそうこともある。熱帯アメリカに生息するオオツチグモと同じく後ろあしで体をこすり、とげのような毛をまきちらして身を守る。この毛が目や鼻や口につくとたまらなくかゆくなる。

体　長　5～7.5cm
食べ物　大きな昆虫
生息場所　熱帯落葉樹林
分　布　メキシコ

ゴライアスバードイーター（ルブロンオオツ

Theraphosa blondi

世界一大きなクモの一種。穴の中で生活し、地面のゆれを感じとってえものを見つける。体からとげのような毛を飛ばして捕食者を追いはらう。メスは卵のまわりに毛を置いて攻撃者から卵を守る。

体　長　12～14cm
食べ物　昆虫、トカゲ、カエル、小型の哺乳類
生息場所　熱帯雨林
分　布　南アメリカ

クロゴケグモ
Latrodectus mactans

体は小さいが毒をもつ。毒はとても強く、神経系に作用しえものをまひさせる。かまれるとかなり痛いが、人間はめったに死に至らない。

体　長　4～13mm
食べ物　昆虫、ほかの無脊椎動物
生息場所　草地
分　布　北アメリカ

オオアシコモリグモのなかま
Pardosa amentata

あみを張らず、地上でえものをおそう。えものの後をこっそりつけて、いっきに飛びかかる。

体　長　5～8mm
食べ物　昆虫
生息場所　森林、草地、庭
分　布　ヨーロッパ

ヒメハナグモ

Misumena vatia

メスは花の中で体の色を白色から黄色に変えて休む。花を訪れた昆虫は変装したクモとは気づかず、食べられてしまう。

体　長　3～11mm

食べ物　花みつを食べる昆虫

生息場所　草地、森林、庭

分　布　北アメリカ、ヨーロッパ

シッチハエトリ

Evarcha arcuata

とても視力がよい。8個の目で敵の動きをしっかりさぐる。えものに飛びかかるときは大きく前を向いた目で相手との距離を正確に判断する。もしえものをつかまえそこなっても下に落ちないように糸を1本つけている。

体　長　5～7mm

食べ物　昆虫、ほかのクモ

生息場所　草地

分　布　ヨーロッパ、アジア

スジシャコグモ

Tibellus oblongus

背の高い乾燥した草むらにいる。草の葉の縦方向にあしを伸ばしてえものを待ちぶせる。

体　長　7～10mm

食べ物　昆虫

生息場所　牧草地、庭、海岸地帯

分　布　北半球

ハエトリグモのなかま

Chrysilla lauta

おもにアリをおそう。飛びかかりかみついて毒を注入する。そのあと少し離れてようすを見る。そしてまた毒を注入する。この動作を繰り返し、アリがすっかりまひしてからようやく食べはじめる。

体　長　3～9mm

食べ物　アリ

生息場所　熱帯雨林

分　布

東アジア

16世紀イタリアの
タラントという町では、
タランチュラ（伝説の毒グモ）に
かまれると毒が回り、
毒を抜くためにはタランテラという
踊りを踊る
ほかないと信じられていた

オオツチグモ　南アメリカにすむ大きくて毛むくじゃらのオオツチグモ（タランチュラ）はいかにも毒がありそうだが、実は人間には無害。危険がせまると後ろあしで立ち上がり、牙をもたげ攻撃的な姿で敵を驚かし追いはらう。

ヒヨケムシ類とカニムシ類

ヒヨケムシはヒヨケムシ目に含まれ、約 1100 種がいます。カニムシはカニムシ目に含まれ、約 3300 種がいます。姿はサソリに似ていますがサソリとは関係ありません。

アメリカヒヨケムシ

Eremobates durangonus

砂漠でよく見かけるが、日光を避けて隠れていることが多い。日かげのすみを好み、夜になると出てきて狩りをする。毒はなく、大きな大あごでえものをしとめる。

体　長　2.5 ～ 3cm
食べ物　昆虫など小型の動物
生息場所　砂漠、山地
分　布　北アメリカの一部、中央アメリカ

コケカニムシのなかま

Neobisium maritimum

海岸地帯でよく見かける。岩の穴や石の下で生活し小さな昆虫を狩る。触肢でえものをつかまえ、毒でまひさせてから鋏角で切り刻む。

体　長　3mm
食べ物　昆虫
生息場所　海岸地帯
分　布　ヨーロッパ

そのほかのクモ形類

クモ類とサソリ類にはサソリモドキ、ウデムシ、ザトウムシというあまり知られていないなかまもいます。サソリモドキはサソリモドキ目に含まれ、約100種、ウデムシはウデムシ目に含まれ、約160種がいます。ザトウムシは約6125種でザトウムシ目に含まれます。

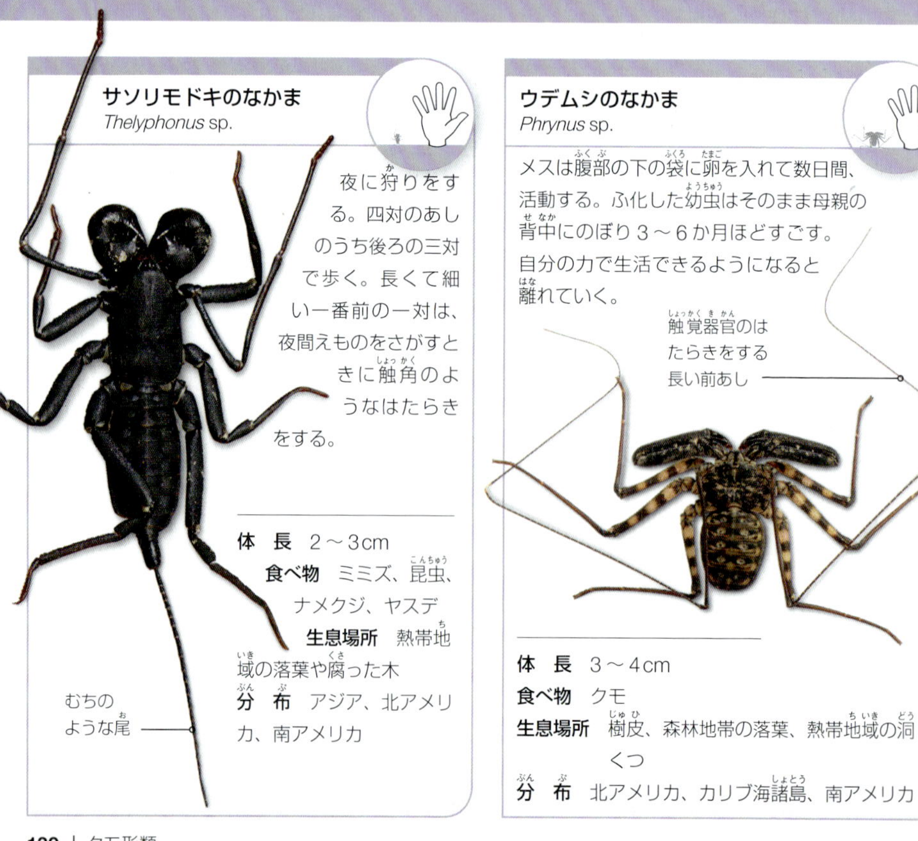

サソリモドキのなかま

Thelyphonus sp.

夜に狩りをする。四対のあしのうち後ろの三対で歩く。長くて細い一番前の一対は、夜間えものをさがすときに触角のようなはたらきをする。

体　長　2～3cm
食べ物　ミミズ、昆虫、ナメクジ、ヤスデ
生息場所　熱帯地域の落葉や腐った木
分　布　アジア、北アメリカ、南アメリカ

ウデムシのなかま

Phrynus sp.

メスは腹部の下の袋に卵を入れて数日間、活動する。ふ化した幼虫はそのまま母親の背中にのぼり3～6か月ほどすごす。自分の力で生活できるようになると離れていく。

体　長　3～4cm
食べ物　クモ
生息場所　樹皮、森林地帯の落葉、熱帯地域の洞くつ
分　布　北アメリカ、カリブ海諸島、南アメリカ

マザトウムシのなかま

Phalangium opilio

マザトウムシの目はほかのザトウムシと同じく背側の頭頂近くに一対ある。単眼のためほとんど見えず、おもに光を感じとり、その光をたよりに動き回る。

体　長　4～9mm

食べ物　アブラムシ、チョウやガの幼虫、ヨコバイ、腐敗した有機物

生息場所　木、牧草地、庭

分　布　ヨーロッパとアジア原産。北アメリカ、アフリカ北部、ニュージーランド（外来種）

2番目のあしはとても長い

おそわれるとあしをはずす。はずしたあしはぴくぴく動き続けるので敵はひるむ。

ザトウムシのなかま

Vonones sayi

めずしい方法で身を守る。敵がせまると口から液体を出す。腹部の腺から分泌される毒を含む毒液だ。この毒液をあしを使って相手に塗りつけ追いはらう。

体　長　1～1.5cm

食べ物　昆虫

生息場所　熱帯地域の石や丸太の下

分　布　北アメリカ、中央アメリカ

そのほかの節足動物

節足動物には昆虫類やクモ形類のほかに甲殻類、多足類、内あご類（昆虫以外の六脚類）も含まれます。数はそれほど多くありません。甲殻類のほとんどは水中で生活しますが、数種類は陸上で生活します。小さな内あご類やたくさんのあしをもつ多足類は森林地帯の湿った落葉の中をはいずり回ります。左の写真は多足類のオオヤスデのなかまです。あしの先にある小さなかぎ状の爪を地面や木にひっかけて動きます。

脱皮
多くの節足動物と同じくミズトビムシも外骨格を数回脱いで成長する。

多足類、甲殻類、内あご類 たそくるい、こうかくるい、うちあごるい

内あご類にははねがなく、6本のあしで動きます。ミミズに似た形の多足類（ヤスデ類とムカデ類）にはたくさんのあしがあります。多足類の外骨格は甲殻類のようにかたいですが水を通します。このため乾燥に弱く、湿った環境で生活しなければなりません。

危険を感じるとうず巻きのようにかたく丸まって**身を守る**

多足類

体は頭部と胴からなる。胸部と腹部は分かれていない。ムカデは体節ごとに一対のあしがあり、小きざみに歩く。ヤスデは体節ごとに二対のあしがあり、波打つようになめらかに進む。

ヤスデ

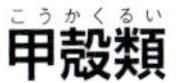

甲殻類

節足動物のかたい外骨格はキチン質という物質でできている。甲殻類の外骨格にはもっとかたい炭酸カルシウムが混じっている。陸上で生活する数少ない甲殻類の一種ワラジムシの体は14の節に分かれている。

ドーム形の外骨格

ワラジムシ

一つの**体節**に
二対のあしがある

頭部には大あごと
一対の触角がある

外骨格で体を守る

内あご類

六脚類（6本のあしをもつ節足動物）には昆虫類のほかにトビムシ目、カマアシムシ目、コムシ目の三つのグループが含まれる。この三つをまとめて内あご類という。

昆虫類は目と触角でまわりを見たり、まわりのようすを感じとったりする。はねのあるものが多い。外から口がよく見える。

セイヨウミツバチ

内あご類ははねがない。目や触角のないものもいる。口は頭の下の袋の中にしまわれている。

ミズトビムシ

多足類

多足類は陸上で生活する節足動物です。ムカデやヤスデ、そのほかの近縁の種を含みます。約 3000 種のムカデはムカデ綱に属します。ムカデはすべて速く走ります。ヤスデはゆっくり動きます。ヤスデ綱に属し約 1 万種がいます。

ここに注目！
食べ物

ヤスデとムカデは多くの点で似ているものの食べ物はちがう。ヤスデは植物や腐肉、ムカデは動物。

▲ クロヤスデの口は小さくて太い。植物や根や腐った木をかじるのに向いている。

▲ オオムカデはトカゲやカエルや昆虫をおそう。毒爪でえものをしとめて食べる。

ヨーロッパタマヤスデ

Glomeris marginata

ヤスデのあしは 36 ～ 450 本。一つの体節に二対のあしがある。タマヤスデは 11 ～ 13 の体節に分かれ、短くてずんぐりしている。鳥やアリにおそわれるとボールのように丸くなる。オカダンゴムシにとてもよく似る。

体　長　0.6 ～ 2cm
食べ物　腐敗した葉
生息場所　広葉樹林の地中や落葉
分　布　ヨーロッパ、アジアの一部、アフリカ北部

オビヤスデのなかま

Coromus diaphorus

ほかのヤスデほど丸くなく平たいためムカデとまちがわれることもある。平たくてがんじょうな体のおかげで丸太や石の下に入りこんで隠れることができる。森林の落ち葉の中で生活する。

体　長　4～6cm
食べ物　枯れ葉、腐敗した植物、根、果実
生息場所　熱帯雨林
分　布　アフリカ

輝く体には
たくさんの溝がある

アフリカオオヤスデ

Archispirostreptus gigas

世界一大きなヤスデ。捕食者から二つの方法で身を守る。一つは体をボールのようにらせん状に丸める方法。外にはかたい外骨格しか出ないので捕食者はなかなかかみつけない。もう一つは体から毒液を出して敵を追いはらう方法。

体　長　20～28cm
食べ物　腐敗した有機物
生息場所　熱帯雨林
分　布　アフリカ

オオムカデのなかま
Scolopendra hardwickei

毒爪
はでな色を見て捕食者は逃げていく

体にはトラのようなしま模様がある。夜間に狩りをする。自分よりも大きなネズミなどを組みふせてつかまえることもある。第一胴節には毒爪があり、これでえものをおそう。

体　長　20～25cm
食べ物　大きな昆虫、小さな哺乳類
生息場所　熱帯雨林の朽ち木やはがれた樹皮、落葉の下、草地
分　布　東南アジア

イシムカデのなかま
Lithobius variegatus

落葉樹の近くでよく見かける。あしがとても強く、木に登って食べ物をさがす。体が平たいので狭いすき間に入りこんで小さな昆虫やダンゴムシをおそう。夏になると体の水分を保つために動きをひかえ、おもに落葉の中でえものを食べる。

体　長　2～3cm
食べ物　ダンゴムシやヤスデなど小さな節足動物
生息場所　温帯林、熱帯林、針葉樹林の落葉の中、木の上
分　布　ヨーロッパ

ツチムカデのなかま
Geophilus flavus

土の中や石の下にすむ。あしが短く頭が四角いため土や落葉の中をすばやく動く。

体　長　2～3.5cm
食べ物　土の中にすむ小さな無脊椎動物
生息場所　森林の地中、森林、海岸地帯
分　布　ヨーロッパ、オーストラリア、北アメリカ、南アメリカ

イシムカデのなかま

Lithobius forficatus

おそわれるととても速く逃げる。丸くなって身を守るヤスデとはちがうところだ。土の中の地表近くでよく見かける。とくに腐った木の下に多い。

体　長　2～3cm
食べ物　ダンゴムシ、クモ、ダニ、昆虫
生息場所　森林、庭、海岸地域
分　布　極地以外の世界中

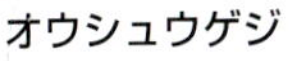

オウシュウゲジ

Scutigera coleoptrata

まったく光がない場所でも、とても敏感な触角でえもののにおいや感触を感じとる。えものを見つけると飛びかかり、強力な毒を注入する。

体　長　2.5～5cm
食べ物　クモ、トコジラミ、シロアリ、ゴキブリ、セイヨウシミ、アリ、そのほかの昆虫
生息場所　洞くつ、家屋
分　布　極地以外の世界中

触角と後ろあしは同じように長いので、どちらが頭かわかりにくい。

ヤスデは脱皮を
繰り返しながら大きくなる。
脱いだからはエネルギー源として
食べてしまう

マラガシーファイアーオオヤスデ　鮮やかな色は、毒をもっていることを捕食者に知らせる警告の色だ。それでも相手がひるまずおそってくるときはボールのように丸くなり、毒を含む体液を出して相手の皮ふをただれさせる。

内あご類

内あご類は昆虫以外の六脚類ともよばれます。トビムシ類、カマアシムシ類、コムシ類からなり、種類は昆虫ほど多くありません。トビムシ目には約 8100 種のトビムシ、カマアシムシ目には約 750 種のカマアシ、コムシ目には約 1000 種のコムシが含まれます。

ミズトビムシ

Podura aquatica

池や水たまりの水面でよく見かける。腹部の下に跳躍器とよばれる熊手の形をした長い器官がついている。跳躍器をバネのように使って飛びはねる。

体　長　2mm 以下

食べ物　腐敗した有機物

生息場所　淡水の狭い水路、水たまり、池、用水路、湿地

分　布　北半球

池や小川にミズトビムシがたくさん集ると、水面が黒くなることもある。

シロトビムシのなかま
Onychiurus sp.

ミズトビムシのような跳躍器をもたないので、飛びはねて逃げることができない。ほとんどのシロトビムシは目もないので、触角でまわりのようすを感じとる。

体　長　2～9mm
食べ物　植物、腐敗した有機物、菌類
生息場所　低木地帯、森林、山地の土や落葉の中
分　布　世界中

トビムシのなかま
Entomobrya sp.

木の幹、岩、建物や崖に生える藻類や地衣類を食べる。ほかのトビムシほど乾燥に弱くないので、むき出しの場所でも活動できる。

体　長　1～8mm
食べ物　藻類、地衣類
生息場所　樹皮、岩石、建物
分　布　極地以外の世界中

カマアシムシのなかま
Eosentomon delicatum

土や落葉の中で生活する。体色は透明に近い。目と触角はない。前あしを感触器として使い、中あしと後ろあしで歩く。

体　長　0.5～2mm
食べ物　腐敗した有機物、菌類
生息場所　森林の土や落葉の中
分　布　ヨーロッパ

ナガコムシのなかま
Campodea fragilis

目が見えない。体と触角が長い。しなやかな尾のような長い器官、尾角が一対あり、第二の触角としてはたらく。

体　長　3～6mm
食べ物　腐敗した有機物、菌類
生息場所　土、落葉
分　布　極地以外の世界中

甲殻類

ほとんどの甲殻類は海で生活していますが、中には淡水や、ワラジムシのように陸上で生活するものもいます。ワラジムシには約3000種のなかまがいます。ワラジムシはダンゴムシなどといっしょにワラジムシ目に含まれます。

ワラジムシのなかま

Porcellio spinicornis

黒色の頭と背中の2列の黄色い斑点で簡単に見分けられる。ワラジムシ類は尿をつくらず、老廃物はくさいアンモニアガスとして放出する。

体　長　10〜12cm
食べ物　腐敗した有機物
生息場所　熱帯林、森林、草地
分　布　ヨーロッパ、北アメリカ

オカダンゴムシ

Armadillidium vulgare

体をおおう体節はこうらのようなはたらきをする。危険がせまると体をしっかり丸めて、体のやわらかい部分をかたい体節でおおい敵から身を守る。

体　長　1〜1.8cm
食べ物　腐敗した有機物、藻類、地衣類
生息場所　森林や海岸地帯のカルシウムの多い土
分　布　ユーラシア大陸、北アメリカ

ホンワラジムシ
Oniscus asellus

灰色の体に黄色の斑点が散らばる。斑点にはカルシウムがたまっている。カルシウムの少ない土で生活するときは脱皮した後の表皮を食べ、カルシウムを再利用して表皮を強くしている。

体　長
10～16mm
食べ物　腐敗した有機物
生息場所　温帯の森林や庭の落葉の中や丸太の下
分　布　ヨーロッパ、北アメリカ、南アメリカ

アリスワラジムシ
Platyarthrus hoffmannseggi

アリと共生関係にある。アリの巣で生活し、アリのふんを食べる。その一方でアリの巣をきれいにもするので、おたがいに利益がある。

体　長　4mm 以下
食べ物　アリのふん
生息場所　林や庭のアリの巣
分　布　ヨーロッパ、アフリカ北部、中東、北アメリカ

世界記録のもち主

世界一大きな虫たち

★**チャンズメガスティック**（*Phobaeticus chani*）は世界一長いナナフシ。あしも含めると56.7cm。あしを入れないで35.7cm。これは世界一体の長い昆虫でもある。

★**アレキサンドラトリバネアゲハ**（*Ornithoptera alexandrae*）は世界一大きなチョウにして、世界一翼開長の長い昆虫。翼を広げたときの端から端までの長さは30cm。

★**ヨナクニサン**（*Attacus atlas*）は世界一大きなガ。はねの面積は400cm^2。

★**アフリカオオヤスデ**（*Archispirostreptus gigas*）は世界一長いヤスデ。体長28cm。

★世界一大きな甲虫は**ヘラクレスオオカブトムシ**（*Dynastes hercules*）。体長は19cm。中央アメリカ、南アメリカに生息する。

世界一強い虫たち

❶土の中で生活する小さな**ササラダニ**（*Archegozetes longisetosus*）は自分の体重の1180倍の重さの物体を引く。人間におきかえると73トンの物体を持ち上げることになる。

❷**ダイコクコガネ**（*Onthophagus taurus*）は自分の体重の1141倍の重さの物体を引く。人間におきかえると荷物を満載した18輪トラックを2台持ち上げることになる。

❸**ハキリアリのなかま**（*Atta laevigata*）は自分の体重の50倍の重さの物体を持ち上げる。

世界一飛びはねる虫たち

❶**ネコノミ**（*Ctenocephalides felis*）は自分の体長の150倍の距離を飛びはねる。

❷**ホソアワフキムシ**（*Philaenus spumarius*）はネコノミの60倍重いが、自分の体長の70倍の距離を飛びはねる。

❸**ハエトリグモ類**が後ろあしを使ってえものめがけて飛びはねるときの距離は約35cm。

世界一長生きする虫たち

♦ **ジュウシチネンゼミ**または**周期ゼミ**ともよばれる北アメリカのセミ（*Magicicada septendecim*）は17年間、地下で幼虫時代をすごす。成虫の期間は数時間または数日間。

♦ 11年間生きていた**ミツツボアリ属**（*Myrmecocystus*）の女王がいる。

♦ カナダで建物に使われていた材木から見つかった**アメリカアカヘリタマムシ**（*Buprestis aurulenta*）の幼虫2匹は51歳だった。

♦ チョウの平均寿命は3～6週間だが、**オオカバマダラ**（*Danaus plexippus*）は1年近く生きる。

世界一大きな集団

❶**ケヨソイカのなかま**（*Chaoborus edulis* Edwards）は中央アフリカのビクトリア湖の上を数兆匹の大群で飛ぶ。湖や周辺の村を黒い雲のようにおおいつくす。

❷**サバクトビバッタ**（*Schistocerca gregaria*）はとても大きな群れをつくる。1000億匹になることもある。

❸**ハキリアリのなかま**（*Atta cephalotes*）は昆虫の世界で最大のコロニーをつくる。一つの巣に800万匹いることもある。

ビクトリア湖周辺の村ではケヨソイカでつくった「ケーキ」を食べる。ケヨソイカはタンパク質を多く含む。

世界一重い虫たち

❶**ゴライアスバードイーター（ルブロンオオツチグモ）**（*Therophosa blondi*）は世界一重いクモ。150gはこえる。

❷**ゴライアスオオツノハナムグリ**（*Goliathus giganteus*）の幼虫は成長すると体重100gになる。甲虫の幼虫の中で一番重い。

❸カマドウマのなかまの**ジャイアントウェタ**（*Deinacrida heteracantha*）は体重71g。

世界一長い距離を移動する虫たち

❶**オオカバマダラ**（*Danaus plexippus*）は一番長い距離を移動する。マツの茂る山に囲まれた暖かい谷で冬をすごすため、カナダからメキシコを目指し約4500kmを飛ぶ。

❷インドからモルディブ、セーシェル、最後はアフリカの東部まで約3500kmを毎年移動する**トンボ**がいる。

昆虫まめ知識 こんちゅうまめちしき

数

★2012年前半までに世界中で約**100万種**の昆虫が発見されている。

★これまでに発見された昆虫の**80％**は完全変態をする。

★昆虫界で一番大きな集団であるコウチュウ目には約**37万種**が含まれる。すべての昆虫の**3分の1以上**にもなる。

★社会性昆虫の巣には数百万匹が生活する。南アメリカではシロアリの1個の巣から約**300万匹**が見つかった。

★アフリカ東部に生息するシロアリの女王は2秒に1個卵を産む。1日にすると**4万3200個**産むことになる。

★クモは気味の悪い姿をしているが、人間に害があるのは、これまでに発見された5万種のうちわずか**30〜40種**。

★クモ目の中で一番大きなグループ、ハエトリグモ科にはわかっているだけで**4400種**がいる。

害のある昆虫

• **ハマダラカ**のメスにはマラリアを引き起こす寄生虫がいる。毎年約60万人がマラリアで亡くなっている。

• スズメバチのうちで**オオスズメバチ**のひと刺しが一番たくさんの毒を含む。日本では毎年40人以上の命をうばうもっとも危険な生物。

• **サスライアリ**は数百万匹で隊を組んで食べ物をさがしに出かけ、途中で出会う動物をほとんど食べつくす。

• **ハリアリ**の針にはピペリジンという毒がある。ハリアリに刺されると皮ふが焼けつくようにひりひりする。

• 世界で一番強い毒をもつサソリは**オブトサソリ**。その毒には数種類の毒成分が含まれている。幼児、老人、病人にはとくに危険。

• 世界で一番強い毒をもつクモは**ドクシボグモ**。わずか0.006mgの毒でネズミを殺す。

サスライアリのあごはとても強い。アフリカ東部ではサスライアリに傷口をかませて縫い合わせることがある。

昆虫の副産物

アメリカでは2011年に約18万トンのはちみつが消費された。

♦はちみつ
はちみつをとるためにミツバチを飼育する。はちみつとして売られるのはハチの巣から集めた余分なみつ。

♦みつろう
ミツバチの若いはたらきバチがつくるみつろうはろうそく、つや出し、防腐剤として利用される。

♦ローヤルゼリー
ミツバチのはたらきバチが分泌する液体からつくられるローヤルゼリーには、薬のようなはたらきがあると考えられている。

♦昆虫食
人間は500種ほどの昆虫を食べる。いためたコオロギがごちそうとされている国もある。

♦絹織物
カイコガのまゆからつくられた糸で織った絹織物には輝くような光沢がある。

♦ラック
ある種のカイガラムシのつくる樹脂状の分泌物をラックという。ラックは塗料、バイオリンのニス、医薬品に使われる。

♦インク
インクタマバチの虫こぶには没食子インク（酸化鉄インク）の主成分タンニンが含まれる。没食子インクは耐水性が高いため中世から19世紀まで広く使われていた。

♦宝　石
チョウの輝くはねや甲虫のかたいさやばねはブローチやペンダントに利用される。

昆虫の研究
虫にはさまざまな種類があり、それぞれに専門の科学者が研究をしている。大きく分けると次のような分野がある。

- **昆虫学**（すべての昆虫をあつかう）
- **ハチ学**
- **ハエ学**
- **甲虫学**（カブトムシなどをあつかう）
- **アリ学**
- **ダニ学**
- **クモ学**（クモのほかにサソリや近縁の種もあつかう）
- **寄生虫学**

用語解説 ようごかいせつ

青虫　チョウやガのはねのない幼虫。いも虫、毛虫ともいう。あしと強いあごをもつ。

隠蔽色（いんぺいしょく）　動物がまわりの景色とまぎれるような体の色や模様。

うじ　ハエなどの昆虫のあしのない幼虫。

大あご　一対のあご。節足動物の多くは食べ物をかんだり、切ったり、運んだりするために使う。

温帯地域（おんたいちいき）　熱帯と極地の間にあり、暑くもなく寒くもない地域。

科　分類上、近い関係にある属を含むグループ。

塊茎（かいけい）　地下でかたまりのように成長した植物の茎や根。ジャガイモなど。

外骨格（がいこっかく）節足動物の体の外側のかたい骨格。体の形をつくり、体を守る役目がある。

汽水　塩水と淡水が混じった水。海岸の湿地や河口など海水と淡水が混ざる場所の水。

寄生者（きせいしゃ）　ほかの種の体内や体外で生活する動物。この場合、ほかの種を宿主という。宿主をえさにしたり、宿主に危害を加えたりする。

擬態（ぎたい）　動物が葉やほかの動物に似ること。まわりの環境にまぎれやすくなる。

求愛行動　オスとメスがつがうためにする交尾の前の行動。

鋏角（きょうかく）　クモ形類の頭胸部の口の一番近くにある一対の器官。先端に牙や歯があり、クモの中にはえものをかんで毒を注入するものもいる。

胸部（きょうぶ）　節足動物の体の頭部と腹部の間の部分。はねとあしがつく。

くちばし状突起（くちばしじょうとっき）　細長いくちばしのような形の口。食べ物に穴をあけ吸うために使われる。

綱（こう）　分類上、近い関係にある目を含む大きなグループ。

コロニー　同じ種の動物がいっしょに生活する集団。

さなぎ　完全変態をする昆虫の生活環の一段階。幼虫から成虫に変わるときに特別なからにおおわれ守られる時期。

サバンナ　アフリカなどの暑い地域で木がまばらに生える草地。

さやばね　薄い後ろばねを守るおおいのようにすっぽりかぶさる前ばね。

産卵管（さんらんかん）　メスにある管のような形の器官。卵を産むために使う。

湿地帯（しっちたい）　一年の大部分、水に浸った状態の陸地。地面はいつも湿っている。

種　分類上、たがいに繁殖できる動物のグループ。

宿主　寄生者が利用する動物。

授粉（じゅふん）　花粉が同じ花または別の花のおしべにつくこと。花粉は風や、多くは昆虫によって運ばれる。

触肢（しょくし）　クモ形類の頭胸部にある2番目の付属肢。爪のような形をしていることもある。

触角（しょっかく）　昆虫など無脊椎動物の頭にある一対の感覚器官。振動、におい、味を感じとる。

神経系（しんけいけい）　おもに神経繊維でできている動物の器官。体のさまざまな場所から信号を受けとったり、逆に送ったりする。

針葉樹（しんようじゅ）花や果実をつけず、種子の入った松ぼっくりをつくる木。マツやモミなど。

水生　水の中や周辺で生活する、または成長する習性。

生活環（せいかつかん）　動物が生まれてから死ぬまでにたどるいくつかの段階。

生息環境（せいそくかんきょう）　動物が生活する環境。

生命体　植物、菌類、動物といった生命の形。

脊椎動物（せきついどうぶつ）　背骨のある動物。

節足動物　体は体節に分かれ、関節をもつあしがあり、外骨格でおおわれている無脊椎動物。

絶滅危惧種（ぜつめつきぐしゅ） 絶滅寸前の危機にさらされている種。アレキサンドラトリバネアゲハなど。

セルロース 植物に含まれる多糖。

属（ぞく） 分類上、近い関係にある種を含むグループ。

脱皮（だっぴ） 節足動物が一定期間をおいて外骨格を脱ぐこと。脱皮をするたびに体を大きくしていく。

単為生殖（たんいせいしょく） 交尾しないで子を生む生殖の方法。

単眼（たんがん） 光の強弱を感じる1個の目。

ツンドラ 北極圏に広がる木の生えない凍った地帯。

頭胸部（とうきょうぶ） クモ形類の体の前部。頭と胸からなる。

なわばり 同じ種の動物から守る、自分の生活する場所。

熱帯雨林 たくさん雨の降る熱帯地域の、うっそうと木の茂る森林。

熱帯地帯 赤道付近の暑い地域。赤道を中心に広い範囲におよぶ。

花みつ 花がつくる糖分の多い液体。たくさんの昆虫の好物。

尾角（びかく） 昆虫の腹部にある一対の長い尾のような器官。

被食者（ひしょくしゃ） 捕食者によっておそわれ殺され食べられる動物。えもの。

フェロモン 同じ種のちがう性のなかまを誘うために出す化学物質。

複眼（ふくがん） 小さな個眼がたくさん集まってできた1個の目。個眼は光を感じて「見る」。節足動物の目は複眼。

腐食性昆虫（ふしょくせいこんちゅう） 排泄物や動植物の遺体を食べる昆虫。

付属肢（ふぞくし） 昆虫の体から出ているあしや、触角などの感覚器官。

吻（ふん） チョウなどの昆虫のストローのような形の口。えさを吸うために使われる。

平均こん（へいきんこん） ハエ目の昆虫の後ろばねの場所にある、先が丸い小さな棒状の器官。飛行を安定させるはたらきがある。

変態（へんたい） 生活環の中で体の形が大きく変わること。青虫は変態をしてチョウやガになる。

捕食寄生者（ほしょくきせいしゃ） 生きている宿主を食べて成長し、最後は殺す動物。

捕食者（ほしょくしゃ） ほかの動物をおそい殺して食べる動物。

哺乳類（ほにゅうるい） 体に毛または毛皮があり、子を母乳で育てる脊椎動物。

まゆ 幼虫をつつむ、絹糸でできたおおい。幼虫はまゆのなかでさなぎになる。

虫 陸にすむ節足動物の一般的なよび名。

虫こぶ かたいかたまりに生長した植物の組織。スズメバチなど昆虫の出す化学物質が原因でできる。

無脊椎動物（むせきついどうぶつ） 背骨をもたない動物。

目（もく） 分類上、近い関係の科を含む大きなグループ。

夜行性（やこうせい） 夜に活動する動物の性質。

幼虫（ようちゅう） 昆虫など多くの無脊椎動物の卵からかえった未成熟な成長段階のもの。ミミズのような形が多い。

翼開長（よくかいちょう） 昆虫がはねを広げた状態のはねの端から端までの長さ。

落葉樹（らくようじゅ） 秋に葉を落とし、春に新たに成長する木。

卵胎生（らんたいせい） 母親の体内で卵からふ化すること。

卵幼虫房（らんようちゅうぼう） ハチやスズメバチが卵を1個ずつ生むための、巣の中の小さな空間。

陸生 陸上でしか生活しない習性。

若虫（わかむし） 無脊椎動物の成長段階の早い時期。成虫と同じ体形で同じように生活する幼虫。

渡り（わたり） 季節が変わると動物がおもに食べ物や繁殖地を求めて長距離を移動すること。

索　引 さくいん

【あ】

【か】

【さ】

【ま】

【や】

【ら】

【わ】

謝　　辞 しゃじ

Dorling Kindersley would like to thank: Caitlin Doyle for proofreading; Helen Peters for indexing and Claire Bowers, Fabian Harry, and Romaine Werblow for DK Picture Library assistance.

The publishers would also like to thank the following for their kind permission to reproduce their photographs:

(Key: a-above; b-below/bottom; c-centre; f-far; l-left; r-right; t-top)

2–3 Igor Siwanowicz: (c). **4 Corbis:** Joe McDonald (cl). **5 Corbis:** Piotr Naskrecki / Minden Pictures (tr, br). **PunchStock:** Westend61 (bl). **6 Corbis:** Oswald Eckstein. **7 Corbis:** Fred Bavendam / Minden Pictures (br). **8 Alamy Images:** D. Hurst (tc). **9 Corbis:** Nigel Cattlin / Visuals Unlimited (bc). **10 Dorling Kindersley:** Oxford Scientific Films (tr). **FLPA:** Richard Becker (bl). **11 Alamy Images:** blickwinkel (bl). **Corbis:** Mark Moffett / Minden Pictures (cr). **FLPA:** Michael & Patricia Fogden / Minden Pictures (bc). **Getty Images:** Paul Souders / The Image Bank (tr). **12 Alamy Images:** blickwinkel / Hecker (tc). **Corbis:** Pete Oxford / Minden Pictures (br); Cyril Ruoso / JH Editorial / Minden Pictures (c). **Getty Images:** Colin Milkins / Oxford Scientific (cl). **13 Corbis:** Frans Lanting (bc); Solvin Zankl / Visuals Unlimited (tc). **FLPA:** Chien Lee / Minden Pictures (cr). **14 Dorling Kindersley:** Natural History Museum, London (tr, cr). **15 Corbis:** Visuals Unlimited (tl). **Dorling Kindersley:** Natural History Museum, London (cr). **FLPA:** Mark Moffett / Minden Pictures (tr). **Getty Images:** Kjell Sandved, Butterfly Alphabet, Inc. / Oxford Scientific (tc); Stefano Stefani / Photodisc (c). **16–17 Corbis:** Mark Moffett / Minden Pictures. **18 Corbis:** Alex Wild / Visuals Unlimited. **19 Getty Images:** Densey Clyne / Oxford Scientific (bc). **21 Corbis:** Alex Wild / Visuals Unlimited (tr). **22 FLPA:** Albert Lleal / Minden Pictures (br). **23 Alamy Images:** Ray Wilson (tl). **FLPA:** Albert Lleal / Minden Pictures (tr); Steve Trewhella (b). **24 Dorling Kindersley:** Natural History Museum, London (bc). **25 Alamy Images:** Premaphotos (tr); WILDLIFE GmbH (br). **Photoshot:** Gerry Cambridge / NHPA (bl). **26 Dorling Kindersley:** Photo Biopix.dk (bl). **27 Dorling Kindersley:** Forrest L. Mitchell / James Laswel (bl). **Getty Images:** Altrendo Nature (tr); Marcos Veiga / age fotostock (tl). **28 Dorling Kindersley:** Forrest L. Mitchell / James Laswe (tl). **28–29 Getty Images:** Shem Compion / Gallo Images (tc). **29 Dorling Kindersley:** Forrest L. Mitchell / James Laswel (clb). **34–35 Photoshot:** J.C. Carton. **36–37 Alamy Images:** blickwinkel / Schuetz (c). **37 Alamy Images:** A & J Visage (br). **39 Corbis:** DLILLC (tl). **Getty Images:** Art Wolfe / Stone (tr). **41 Corbis:** Hugo Willocx / Foto Natura / Minden Pictures (cr). **Dorling Kindersley:** Natural History Museum, London (bl). **Martin Heigan:** (tr). **42 Alamy Images:** Nigel Cattlin (tl); Premaphotos (cl, bl). **44 Getty Images:** Gavin Parsons / Oxford Scientific (br). **USDA Agricultural Research Service:** Stephen Ausmus (bl). **45 Corbis:** Nigel Cattlin, / Visuals Unlimited (tr). **Dorling Kindersley:** Lynette Schimming (tl). **47 Dorling Kindersley:** Natural History Museum, London (t). **48 Alamy Images:** Andrew Darrington (tl). **Jean Yves Rasplus:** (bl). **50 Corbis:** Alex Wild / Visuals Unlimited (tl). **51 Shane Farrell:** (crb). **52–53 naturepl.com:** ARCO. **54 Science Photo Library:** Steve Gschmeissner (r). **55 Corbis:** Nigel Cattlin / Visuals Unlimited (tl). **56 Corbis:** Lida Van Den Heuvel / Foto Natura / Minden Pictures (bl). **FLPA:** Pete Oxford / Minden Pictures (tl). **57 Corbis:** Lida Van Den Heuvel / Foto Natura / Minden Pictures (b). **58 Corbis:** Jef Meul / Foto Natura / Minden Pictures (bl). **Dorling Kindersley:** Natural History Museum, London (br). **59 Dorling Kindersley:** Natural History Museum, London (tr). **60 Alamy Images:** blickwinkel / Hartl (tl). **Dorling Kindersley:** Natural History Museum, London (br). **www.kaefer-der-welt.de:** (bl). **64 Corbis:** Jef Meul / Foto Natura / Minden Pictures (tl). **Dorling Kindersley:** Natural History Museum, London (br). **65 Corbis:** Alex Wild / Visuals Unlimited (br). **66–67 Dorling Kindersley:** Thomas Marent (c). **67 Dorling Kindersley:** Jerry Young (cr). **68–69 Corbis:** Chris Mattison / Frank Lane Picture Library (bc). **70–71 Igor Siwanowicz. 74 Alamy Images:** blickwinkel / Hecker (bl). **Getty Images:** Keith Porter / Oxford Scientific (tl). **75 Institute for Animal Health, Pirbright:** (tl). **76 Bugwood.org:** Joseph Berger (tl). **FLPA:** Dave Pressland (bl). **76–77 The Natural History Museum, London:** (tc). **77 Corbis:** Bert Pijs / Foto Natura / Minden Pictures (bl). **Dorling Kindersley:** Natural History Museum, London (tr). **78 Corbis:** Jan Van Der Knokke / Foto Natura / Minden Pictures (bl). **80–81 Science Photo Library:** Thomas Shahan. **82 Tom Murray:** (bl). **84 Dorling Kindersley:** Natural History Museum, London (b). **85 Dorling Kindersley:** Natural History Museum, London (cl). **Dreamstime.com:** Cathy Keifer (tl). **86 Dorling Kindersley:** Natural History Museum, London (t, bc, cr). **87 Dorling Kindersley:** Natural History Museum, London (tc, bc). **88 Alamy Images:** Andrew Darrington (tl). **Dorling Kindersley:** Natural History Museum, London (bc). **88–89 Dorling Kindersley:** Natural History Museum, London (tc, bc). **89 Dorling Kindersley:** Natural History Museum, London (cr). **90 Dorling Kindersley:** Natural History Museum, London. **91 Dorling Kindersley:** Natural History Museum, London (tc, tr, bl). **92 Dorling Kindersley:** Natural History Museum, London (tl, bc). **92–93 Dorling Kindersley:** Natural History Museum, London (tc). **93 Dorling Kindersley:** Natural History Museum, London (bl, br). **94 Dorling Kindersley:** Natural History Museum, London (tl, br). **95 Dorling Kindersley:** Natural History Museum, London (c). **96–97 Igor Siwanowicz. 98 Dorling Kindersley:** Booth Museum of Natural History, Brighton (br). **100 Alamy Images:** B. Mete Uz (cl). **101 Dorling Kindersley:** Natural History Museum, London (bc). **102 Alamy Images:** Genevieve Vallee (tc). **Dorling Kindersley:** Natural History Museum, London (br). **103 Corbis:** Bert Pijs / Foto Natura / Minden Pictures (c). **Photoshot:** Imagebroker.net (b). **104 Dreamstime.com:** Ryszard Laskowski (bc). **naturepl.com:** Premaphotos (clb). **105 Alamy Images:** Michael Maconachie / Papilio (b). **FLPA:** Mark Moffett / Minden Pictures (tr). **106–107 Photoshot:** A.N.T. Photo Library / NHPA. **108 FLPA:** Piotr Naskrecki / Minden Pictures. **109 Corbis:** Wayne Lynch / All Canada Photos (bc). **110 Photoshot:** NHPA (bl). **111 Corbis:** Dennis Kunkel Microscopy, Inc. / Visuals Unlimited (tl); Damon Wilder (cr); Wayne Lynch / All Canada Photos (br). **112 FLPA:** Albert Lleal / Minden Pictures (tr). **113 Corbis:** Stephen Dalton / Minden Pictures (tr). **114–115 naturepl.com:** Ingo Arndt. **116 Ardea:** David Spears (Last Refuge) (bl). **117 Dorling Kindersley:** Photo Biopix.dk (cr). **Getty Images:** Kallista Images (bl). **118 Ardea:** David Spears (Last Refuge) (tl). **FLPA:** Nigel Cattlin (tr). **Getty Images:** Elliot Neep / Oxford Scientific (bl). **119 Corbis:** Science Picture Co / Science Faction. **120 Alamy Images:** Premaphotos (tl). **Corbis:** Patrick Honan / Steve Parish Publishing (cl). **Getty Images:** Oxford Scientific (bl). **121 FLPA:** D Jones (br). **125 Science Photo Library:** Simon D. Pollard (br). **126–127 Dorling Kindersley:** Thomas Marent. **128 Photoshot:** James Carmichael Jr / NHPA (b). **129 FLPA:** D Jones. **130 FLPA:** Thomas Marent / Minden Pictures (cl). **131 FLPA:** Olivier Digoit / Imagebroker (bl). **132 Photoshot:** David Maitland / NHPA. **133 Getty Images:** Oxford Scientific (bc). **134 Corbis:** Norbert Wu / Minden Pictures (c). **135 Corbis:** Albert Mans / Foto Natura / Minden Pictures (br); Piotr Naskrecki / Minden Pictures (cl). **136 Alamy Images:** Dave Bevan (cl). **FLPA:** Photo Researchers (bl). **137 Getty Images:** Don Farrall / Digital Vision (b). **138 Dorling Kindersley:** Staab Studios – modelmakers (l). **140–141 naturepl.com:** Alex Hyde. **142 FLPA:** Jan Van Arkel / Minden Pictures (b). **143 Corbis:** Nigel Cattlin / Visuals Unlimited (cl). **FLPA:** Nigel Cattlin (crb). **The Natural History Museum, London:** (clb). **Photoshot:** N A Callow / NHPA (tr). **144–145 Dorling Kindersley:** Jerry Young (b). **144 Alamy Images:** blickwinkel / Hecker (tc). **145 Alamy Images:** blickwinkel / Hecker (br). **Corbis:** Visuals Unlimited (tr).

Jacket images: *Front:* **Dorling Kindersley:** Booth Museum of Natural History, Brighton cr/ (bush hymenoptera); Natural History Museum, London fbr/ (giraffe weevil), fbl/ (violin beetle), fcla/ (shield bug), bl/ (assassin bug), fcra/ (blue night butterfly), fcr/ (blue pansy butterfly), fcla/ (tiger moth), cla/ (*poecilocoris latus*), cla/ (birdwing butterfly), cra/ (lacewing). **Getty Images:** Brand X Pictures / Brian Hagiwara c. *Spine:* **Getty Images:** Brand X Pictures / Brian Hagiwara tc.

All other images © Dorling Kindersley

For further information see:
www.dkimages.com